|プロ直伝|

伝わるデータ・ビジュアル術

Excelだけでは作れないデータ可視化レシピ

E2D3.org

著　小林　寿・東健二郎・河原弘宜・朝日孝輔
　　布川悠介・荻原和樹・中根秀樹・大野圭一朗
　　本田直樹・小野恵子・松岡和彦

監修　五十嵐康伸

技術評論社

本書に記載された内容は、情報の提供のみを目的としています。したがって、本書を用いた開発、運用は、必ずお客様自身の責任と判断によって行ってください。これらの情報による開発、運用の結果について、技術評論社および著者はいかなる責任も負いません。

　本書記載の情報は、2019年3月現在のものを掲載していますので、ご利用時には、変更されている場合もあります。また、ソフトウェアに関する記述は、特に断わりのないかぎり、2019年3月時点での最新バージョンをもとにしています。ソフトウェアはバージョンアップされる場合があり、本書での説明とは機能内容などが異なってしまうこともあり得ます。本書ご購入の前に、必ずバージョン番号をご確認ください。

　以上の注意事項をご承諾いただいたうえで、本書をご利用願います。これらの注意事項をお読みいただかずに、お問い合わせいただいても、技術評論社および著者は対処しかねます。あらかじめ、ご承知おきください。

ArcGIS、ArcGIS Desktop、ArcGIS OnlineはEsri社の登録商標または商標です。Tableau製品は、Tableau Software Inc.の商標または登録商標です。その他、本書で記載されている製品の名称は、一般に関係各社の商標または登録商標です。なお、本書では™、®などのマークを省略しています。

はじめに

　本書は、Excelを使った標準的なグラフ作りに飽き足らず、もっと高度なデータ可視化の方法を学びたいと考える人たちのために作られました。
　「百聞は一見にしかず」、「seeing is believing」ということわざがあるように「可視化」には強い機能があります。そして、データ可視化は、次のような機能を持ちます。

- 自分に関係があるデータを見つけて、その周辺のデータを主体的に探索できる
- データを比較することで、課題を見える化できる
- データを体験に変えることで、課題を自分事にできる
- データの過不足に気づける
- データを美しく見せることで、他の人に興味を持ってもらえる

　「ビッグデータ」「データサイエンス」という流行が広がりきった現代の先進国において、データ可視化は仕事や研究を成功させるための技術として重要性を増しています。しかし、データ可視化の技術を向上させたいと思っても、何から始めたら良いか、わからない方も多いのではないでしょうか？ そういう方に「データ可視化の全体像（世界）」を見てもらうことができたら、身につけたいデータ可視化技術の方向性を、自ら決める際の良い判断材料になるのではと私たちは考えました。

　そして「最新のデータ可視化ツール」で作れる「データ可視化表現の世界」をまとめた本書を作り始めました。データ可視化表現の世界は「統計グラフ」「地図」「インフォグラフィック」「ネットワーク」「Webツール」に分かれています。
　読者の皆さんは、プログラミングができなくても大丈夫です。Webブラウザを開いて、データ可視化ツールをインストールして、自分が見たいデータを読み込ませられたら、この本に例示されているようにデータを可視化できるでしょう。
　もちろんPythonやJavaScriptでプログラミングできるようになれば、もっと多様な表現ができるようになりますが、学習期間が2ヵ月は必要になるでしょう。その前に、今日、本書で紹介されているデータ可視化ツールを使って、職場や学校で使っているデータを可視化できないか試してみませんか？ もしかしたら、1日であなたが頭に描いていたデータ可視化表現を創れるかもしれません。

　本書は、データの料理本とイメージしていただくことも可能です。職場や学校で真剣に読んでいただくのも結構ですが、ぜひ休日に、コーヒーや紅茶を飲みながらパラパラとめくり、「データ（素材）とツール（調理器具）を使うと、こんなに美味しそうな料理（可視化表現）が作れるのか！」と楽しんでいただいてもよいです。作ってみたい料理が見つかったら、あなた独自のアレンジを加えたオリジナル料理作りに挑戦してみてください！

なお、本書では最初の一歩をなるべく簡単にするため、触れていないことがあります。それは「①データの前処理」「②データの統計処理」「③プログラミングを使ったデータ可視化」「④データ可視化の歴史」「⑤メディアによるデータ可視化」「⑥データ可視化の学術研究」です。④～⑥についてはお勧めの書籍やWebサイトを挙げておきますので、次の一歩に踏み出す参考にしてください。

④データ可視化の歴史のお勧め書籍
- 『グラフをつくる前に読む本 ―一瞬で伝わる表現はどのように生まれたのか』
  松本健太郎 著、技術評論社（2017年）
- 『THE BOOK OF TREES ―系統樹大全：知の世界を可視化するインフォグラフィックス』
  マニュエル・リマ 著、三中信宏 訳、ビー・エヌ・エヌ新社（2015年）
- 『THE BOOK OF CIRCLES ―円環大全：知の輪郭を体系化するインフォグラフィックス』
  マニュエル・リマ 著、手嶋由美子 訳、三中信宏 訳、ビー・エヌ・エヌ新社（2018年）
- 『感染地図 ―歴史を変えた未知の病原体』
  スティーヴン・ジョンソン 著、矢野真千子 訳、河出書房新社（2007年）
- 『統計学者としてのナイチンゲール』
  多尾清子 著、医学書院（1991年）

⑤メディアによるデータ可視化のお勧めWebサイト
- NHK：DATA NAVI
  https://www.nhk.or.jp/d-navi/
- 日本経済新聞：日経ビジュアルデータ
  https://vdata.nikkei.com/
- NewsPicks：モバイル・インフォグラフィックス
  https://visual-times.tumblr.com/

⑥データ可視化の学術研究のお勧めWebサイト
- 東京大学 渡邉英徳先生
  http://labo.wtnv.jp/
- 佐賀大学 杉本達應先生
  https://lab.sugimototatsuo.com/
- 東海大学 富田誠先生
  http://tomita.me/
- 慶應義塾大学・多摩美術大学 山辺真幸先生
  http://www.masakiyamabe.com/

2019年3月　五十嵐康伸

目次

はじめに ……………………………………………………………………………… 3

Chapter 1：統計グラフ …………………………………………… 15

統計グラフの必要性 ………………………………………………………………… 16
統計グラフの要素 …………………………………………………………………… 16
要素の特徴を理解してグラフを選択する ………………………………………… 16
「データストーリーテリング」を実現するために ……………………………… 17

1-1 Tableau──観光客数の推移を「地域」「年月」でドリルダウン分析 …… 18
データをダウンロードする ………………………………………………………… 20
データを前処理する ………………………………………………………………… 21
Tableau Publicをインストールする ……………………………………………… 22
データを取り込む …………………………………………………………………… 22
観光客数の全体像を把握する ……………………………………………………… 25
ドリルダウン／ドリルアップする ………………………………………………… 28
観光客数の変化量を確認する ……………………………………………………… 29
ダッシュボードを作成する ………………………………………………………… 36
その他の表現方法 …………………………………………………………………… 38
インターネット上で公開・共有する ……………………………………………… 40

1-2 Power BI Desktop
──Excelでは表現できない多彩なカスタムビジュアルをすばやく簡単に … 42
Power BI Desktopをインストールする ………………………………………… 44
データを読み込ませる ……………………………………………………………… 44
基本的な作成の流れ ………………………………………………………………… 46
標準以外のビジュアル ……………………………………………………………… 48
さまざまビジュアル ………………………………………………………………… 49
注意 …………………………………………………………………………………… 50

1-3 Gapminder
──時間変化する複雑なデータをダイナミックにわかりやすく伝えられる … 52
モーションチャートとは …………………………………………………………… 54
都道府県別の人口推移データをダウンロードする ……………………………… 54
都道府県別の出生率推移データをダウンロードする …………………………… 55
データを結合する …………………………………………………………………… 55
Gapminderをインストールする …………………………………………………… 56

Gapminderにデータを読み込む　57
作成したグラフを確認する　58
注目したい都道府県のみ表示する　59
複数の都道府県を比較する　61
作成したグラフを保存する／出力する　61
Gapminderで入手できる統計データ　61
Gapminderのデモ用グラフ　62

Chapter 2：地図　67

地図とは？　68
使われる要素　68
地図上の位置を決めるために必要なこと　68
地図で表現する意義　68
表現の仕方で印象が変わる　69
本章で紹介するツール　69

2-1　Excel＆Bingマップ──店舗別の売上データをExcel上でそのまま地図表示　70

データを準備する　72
データを加工する　72
Bingマップを使えるようにする　73
データを読み込んで表示する　74
表示をカスタマイズする　75

2-2　ArcGIS Online──東京23区の保育園事情を色分け簡単マッピング　76

「ArcGIS for Developers」にサインアップする　78
東京23区の保育園データを検索してマップに表示する　78
保育園の種別で色分けした定員数を表示する　81
東京23区別の保育園定員数の合計を集計する①　82
東京23区別の保育園定員数の合計を集計する②　83
東京23区別の人口に対する保育園定員数の割合を表示する①　84
東京23区別の人口に対する保育園定員数の割合を表示する②　85
作成したマップを共有する　86

2-3　QGIS──東京都の犯罪件数をヒートマップや立体棒グラフの3D表現で　88

QGISをインストールする　90
データを準備する（「町丁字別犯罪情報（年間の数値）」のダウンロード）　90

データを準備する (経度・緯度を追加する／ジオコーディング) … 91
QGISを起動する／背景地図データを表示する … 93
QGISに「町丁字別犯罪情報 (年間の数値)」データを取り込む … 94
犯罪件数をポイントの大きさで表現する … 95
ヒートマップで表現する … 95
3D化する … 97
立体的な棒グラフを組み合わせた3Dを表示する … 98

Chapter 3：インフォグラフィック … 99

インフォグラフィックとは？ … 100
データビジュアライゼーションとの違い … 100
インフォグラフィックの意義 … 101
ピクトグラムとは？ … 101

3-1 E2D3──ユニークなテンプレート満載の発展系Excelアドイン … 102
E2D3をセットアップする … 104
「みんなで徒競走」をExcelシート上に挿入する … 105
作成したものを出力する … 107
作成したものをPowerPointに挿入する … 108
E2D3のテンプレート … 108

3-2 Infogram──ピクトグラム (絵文字) で親しみやすいグラフに大変身 … 112
データを準備する (4年分のExcelファイルをダウンロードする) … 114
データを準備する (利用するデータを抜き出してまとめる) … 114
Infogramにログインしてプロジェクトを新規作成する … 115
図表を追加する … 116
データを編集する … 117
見た目を調整する … 118
無料プランと有料プランの違い … 119

Chapter 4：ネットワーク … 121

ネットワークとは？ … 122
ネットワーク構造は文章や写真では把握しづらい … 122
ネットワーク構造を可視化する意義は大きい … 122
言葉の定義 … 124

接続状態による分類	124
可視化の手法	125
手法の選択は最終的な目的に合わせる	128
本章の内容	129

4-1 Cytoscape——ノーベル賞受賞者による論文の引用関係をネットワーク構造で可視化 … 130

論文の引用関係とは？	132
引用関係データの取得と加工	132
最終的な可視化のスケッチ	133
Cytoscapeをダウンロード＆インストールする	134
Cytoscapeを起動して初期レイアウトを選択する	135
データをインポートする	136
ネットワークの見た目を設定する（表示設定の切り替え方法）	137
ネットワークの見た目を設定する（Visual Styleのコピー）	138
ネットワークの見た目を設定する（スタイルの編集）	139
自動レイアウトを適用する	140
ノード群をいくつかのグループに分ける	141
円環の中に表示するネットワークに部分レイアウトを施す	142
二次的に引用した論文を大きな円環にする	144
起点論文が引用したものを直線に並べる／円環の場所と大きさを調整する	145
スタイルの微調整（エッジのバンドリング）	146
スタイルの微調整（色や透明度の調整）	147
ベクターグラフィックス（PDF/SVG）で出力する	148
セッションファイルに保存する	148
考察する	148
さらに分析する	148

4-2 Gephi——マウスの脳内神経ネットワーク構造をわかりやすくレイアウト … 150

神経回路とは？	152
ネットワークを数値データとして表す場合	152
データの取得と加工	153
Gephiを起動する／必要なプラグインをインストールする	154
データをインポートする	154
ネットワークの統計量を計算する	155
モジュールごとにノードを色付けする	155
ノードの大きさを調整する	155
ノードラベルを表示する	155

エッジの太さを調整する	156
モジュールの構造がよくわかる形で表示する	156
力方向アルゴリズムを適用して表示する	157
不必要なノードを除去する	158
結果を公開する	159

Chapter 5：Webツール … 161

データセットだけでなくツールも使えるようになってきた	162
Webツールの意義	162
本章で紹介するWebツール	162
その他にもあるWebツール	162

5-1 RESAS──身近な地域の問題をいろいろ調べるだけでも楽しい … 164

RESASで調べられること	166
基本的な使い方	170
秋田県の人口を調べる	170
データを利用する	172
観光地情報を分析する（時期による違い）	173
観光地情報を分析する（宿泊者数を隣接地域と比較）	175
観光地情報を分析する（宿泊業者数を隣接地域と比較）	176
ダッシュボード機能	177
豊富なデータとさまざまなビジュライゼーション	177
RESASを理解する資料	181
RESASを活用しよう	181

5-2 IHME──国・地域別の健康データをさまざまな角度から比較＆分析 … 182

IHMEとは？	184
各国の死因を分析する（GBD Compare）	184
個別の国の死因を表示する（GBD Compare）	185
1990年と2017年の東京における死因トップ21	186
日本とシンガポールの健康指標の比較（サンバースト図）	187
ミレニアム開発目標達成図	188

著者・監修者紹介 … 190

目次（ビジュアル）

Chapter 1：統計グラフ 15

1-1 Tableau──観光客数の推移を「地域」「年月」でドリルダウン分析 18

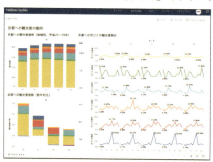

1-2 Power BI Desktop
──Excelでは表現できない多彩なカスタムビジュアルをすばやく簡単に 42

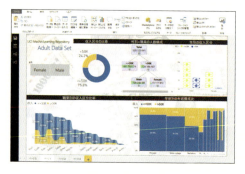

1-3 Gapminder
──時間変化する複雑なデータをダイナミックにわかりやすく伝えられる 52

Chapter 2：地図 ·················· 67

2-1 Excel&Bingマップ──店舗別の売上データをExcel上でそのまま地図表示 ······ 70

2-2 ArcGIS Online──東京23区の保育園事情を色分け簡単マッピング ············ 76

2-3 QGIS──東京都の犯罪件数をヒートマップや立体棒グラフの3D表現で ············ 88

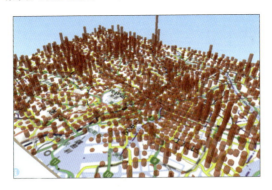

Chapter 3：インフォグラフィック 99

3-1 E2D3──ユニークなテンプレート満載の発展系Excelアドイン 102

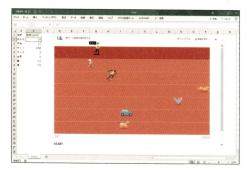

3-2 Infogram──ピクトグラム（絵文字）で親しみやすいグラフに大変身 112

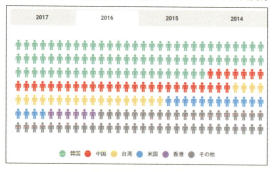

Chapter 4：ネットワーク 121

4-1 Cytoscape──ノーベル賞受賞者による論文の引用関係をネットワーク構造で可視化 ... 130

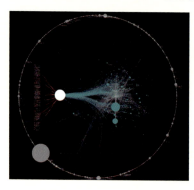

4-2 Gephi──マウスの脳内神経ネットワーク構造をわかりやすくレイアウト 150

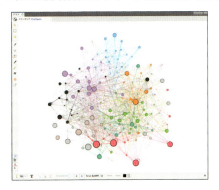

Chapter 5：Webツール 161

5-1 RESAS──身近な地域の問題をいろいろ調べるだけでも楽しい 164

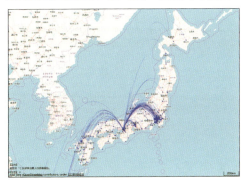

5-2 IHME──国・地域別の健康データをさまざまな角度から比較＆分析 182

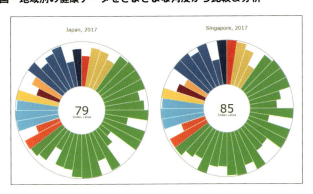

chapter 1
統計グラフ

Excelグラフ職人を超える！

統計グラフを作成する最大の理由は、伝えたい相手に自身の想いや考えを理解・共感してもらうことでしょう。そこで本章では、複雑で多量のデータをわかりやすくできるツールを紹介します。

Tableau Public

➡P.18

Power BI Desktop

➡P.42

Gapminder

➡P.52

chapter 1 統計グラフ

統計グラフの必要性

　データをビジネスで活用するためには、集めた多量のデータを集計（記述統計）・要約し、意味を持たせることが必要です。

　要約した内容を、数表よりもわかりやすく表現する方法の1つが統計グラフ（チャート）です。数値の羅列でしかないデータを、統計グラフとしてビジュアルに表現することで、そのデータの特徴だけでなく、問題意識、仮説、主張を明確かつ簡潔に、相手に伝えられます。

統計グラフの要素

　統計グラフには、「棒グラフ」「円グラフ」「折れ線グラフ」「散布図」など多様な表現方法があります。それぞれ、面積や高さ、角度など、さまざまな要素でデータを表現しています（表1.0.1）。また、色や形、大きさなどの構成要素を足し算し、情報をより多く表現します（表1.0.2）。

表1.0.1：主な統計グラフの特徴

統計グラフ	要素・特徴
棒グラフ	高さと面積でデータの大小を表現する。1対多のデータの大小比較を行える
円グラフ	面積と角度でデータの大小を表現する。構成比は100%を360度に置き換えて表現する。ただし、多数のデータ比較には向かない（おおむね2〜3要素程度）
折れ線グラフ	Y軸の高さでデータの大小を、X軸で時系列や要素を表現する。連続性を表現することが多いため、X軸は時系列のような連続値が望ましい
散布図	X軸とY軸に対応したデータをプロットして表現する。分布図ともいう

表1.0.2：構成要素

要素	内容
色	濃淡やグラデーションによりデータの大小や種類を表現する
形	形の違いによりデータの大小や種類を表現する
大きさ（太さ）	要素の大きさや太さにより、データの大小や種類を表現する

要素の特徴を理解してグラフを選択する

　たとえば「商品別の売上金額」をグラフにする場合を考えます。円グラフ（図1.0.1）は凡例が多すぎてデータの特徴（商品ごとの差）がわかりづらいです。1対多数の比較を重視するなら棒グラフ（図1.0.2）で比較するのがよいでしょう。さらに「商品別の利益率」を追加するような場合、図1.0.3のように利益率の大小を色の濃淡で表現することもできますが、図1.0.4のように複合グラフにすることで、数値を客観的に比較できることがわかります。

図1.0.1:商品別の売上金額(円グラフ)

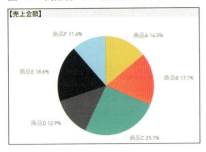

図1.0.2:商品別の売上金額(棒グラフ)

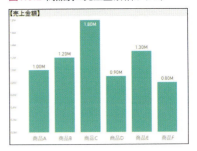

図1.0.3:商品別の売上金額と利益率(棒グラフ)

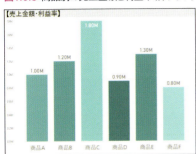

図1.0.4:商品別の売上金額と利益率(複合グラフ)

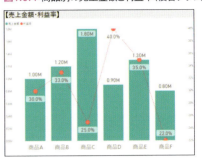

「データストーリーテリング」を実現するために

　たとえば前述の商品別の売上金額と利益率について、売上金額が低くても利益率が高い「商品D」をテコ入れすべきという主張を上司に提言したい場合、客観的なデータがなく「利益率が良いから商品Dをテコ入れしましょう」と進言したところで、根拠がなく説得力がありません。一方、図1.0.3（あるいは図1.0.4）のようなグラフを用いて、「売上は90万円ですが、利益率はもっとも高い40.0％です。商品Dをテコ入れしましょう」と進言すれば説得力はかなり上がるでしょう。

　このように、データに基づいて相手に伝えることを「データストーリーテリング」(data story telling) と呼びます。また、数表以上にわかりやすく伝えることができる手法を「統計グラフによるビジュアライゼーション」と言います。

　統計グラフはMicrosoft ExcelやGoogle Spreadsheetでも簡単に作成できますが、本章で紹介する「Tableau」や「Power BI」などのセルフBI（Business Inteligence）ツールは、魅力的なビジュアルを作成するだけでなく、データの取得／更新／加工／可視化までを一貫して実行でき、ビジュアルを閲覧者が操作し、分析できます。また、「Gapminder」のようなビジュアライゼーションツールは、動的なビジュアルを作成でき、データの変異／変化の過程を可視化できます。

chapter 1　統計グラフ

1-1

Tableau
――観光客数の推移を「地域」「年月」でドリルダウン分析

　Tableau Public（タブロー）は、Tableau Softwareが提供するBIツールです。
ここでは、京都への観光客数のデータを使って、「地域」や「年月」ごとの推移を
分析できるビジュアルを作成し、ダッシュボード機能で一画面に表示します。

1-1 Tableau——観光客数の推移を「地域」「年月」でドリルダウン分析

Input 京都への観光客数の推移（京都府および京都市のオープンデータポータルサイト）

[左]「KYOTO DATASTORE」の「京都府の市町村別入込観光客数および観光消費額」
ⓘ https://www.datastore.pref.kyoto.lg.jp/

[右]「KYOTO OPEN DATA」の「京都市統計書 第10章 文化・観光【観光】39 入洛観光客数）」
ⓘ https://data.city.kyoto.lg.jp/

Tool Tableau Public（無償版）

本稿では無償版のTableau Publicを使用する。有償版には「Tableau Desktop」「Tableau Server」「Tableau Online」があり、3ライセンス（「Tableau Creator」「Tableau Explorer」「Tableau Viewer」）の利用形態が選択できる（2019年3月現在）。無償版と有償版の主な違いは、データソースが限られる（Excel、CSV、JSON、PDF、Googleスプレッドシートなど）点、ワークブックの保存する際に、保存先がWeb上に一般公開されるTableau Public上に限られる点がある。　ⓘ https://www.tableau.com/ja-jp/

Output 京都への観光客の動向

[左上] 京都への観光客推移　（地域別）　　[右] 京都への月ごとの　観光客割合
[左下] 京都への観光客推移　（前年対比）

chapter 1　統計グラフ

データをダウンロードする

「KYOTO DATASTORE」(図1.1.1)から「【京都府】市町村別観光入込客数及び観光消費額」と、「KYOTO OPEN DATA」(図1.1.2)から「京都市統計書 第10章 文化・観光【観光】39 入洛観光客数)」をダウンロードしてください。

図1.1.1：KYOTO DATASTORE（https://www.datastore.pref.kyoto.lg.jp/）

図1.1.2：KYOTO OPEN DATA（https://data.city.kyoto.lg.jp/）

データを前処理する

データはExcelやPDFファイルなので、図1.1.3のように前処理を行います[注1]。

図1.1.3：ファイル変換の流れ

PDFファイル

コピー&ペーストでクロス集計書式

列指向形式に変換

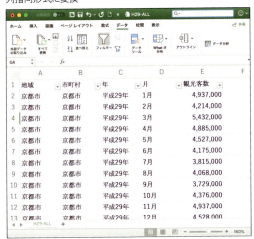

注1
Tableauでは、クロス集計形式のデータから列指向形式に変換することをお勧めします。その際、Tableau内でもピボット機能を利用できます。Tableauオンラインヘルプ（ピボットデータ（[行] から [列]））を参照してください。なお、今回はExcelを用いて変換しましたが、Tableauは直接PDFファイルに接続してデータを取り込むこともできます。
①https://onlinehelp.tableau.com/current/pro/desktop/ja-jp/pivot.html

chapter 1　統計グラフ

Tableau Publicをインストールする

Tableau社のWebサイト（図1.1.4）から「Tableau Public」（Windows版／Mac版があります）をダウンロードしてインストールします。

図1.1.4：Tableau社のWebサイト（©https://public.tableau.com/ja-jp/s/download/）

データを取り込む

Tableauを起動し、[接続]メニューからデータの形式を選択します（図1.1.5）。ここでは複数年のデータや京都市のデータと京都市以外の市町村データがそれぞれ分かれていました。こうした複数のファイルを1つにまとめるために「ユニオン」機能を利用します。画面の左側に最初に読み込んだファイルと同じフォルダ上の類似のファイルを自動的に表示してくれます。そこからまとめるファイルをドラッグして追加します（図1.1.6、図1.1.7）。

取り込まれたデータは、種類（文字列、数値、分類、日付、位置情報など）によって自動的に[ディメンション]と[メジャー]に振り分けられます。Tableauでは、それぞれ「集計の軸」「集計対象のデータ」を意味します（図1.1.8）。

図1.1.5：データの取り込み（CSVファイル（テキストファイル）を選択）

図1.1.6：ファイルをドラッグで1つにまとめる

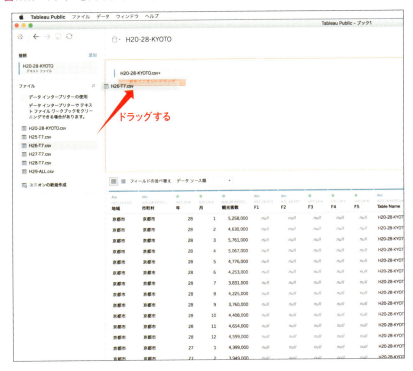

図1.1.7:5つのファイルをまとめる

図1.1.8:データを取り込んだ後の「ワークシート」画面

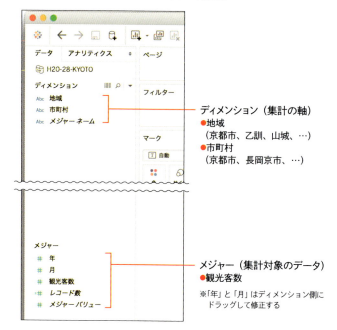

観光客数の全体像を把握する

元のデータでは、市町村ごとや複数の市町村で構成される地域単位ごとに、年次あるいは月次の観光客数が入力されていました。データ分析をするファーストステップとして、観光客数の全体像を把握してみましょう。

メジャーの「観光客数」をダブルクリックすると［行］が「観光客数の合計値」になります（図1.1.9）。続いて［列］に［ディメンション］（集計の軸）のデータを入れます。「年」を［列］にドラッグして（図1.1.10）、「地域」を［色］にドラッグすると（図1.1.11）、図1.1.12のように表示されます。なお、「地域」は並び替えることもできます（図1.1.13）。

メジャーのデータを知りたい切り口で見るイメージは実感できたでしょうか。

図1.1.9：観光客数の合計値

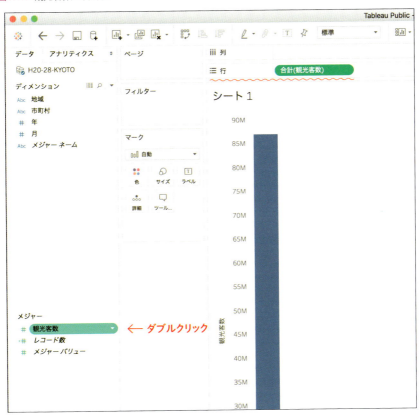

図1.1.10:「年」を「列」にドラッグ

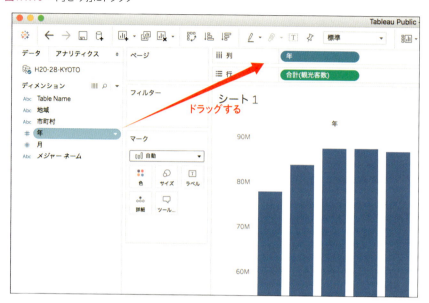

図1.1.11:「地域」を「色」にドラッグ

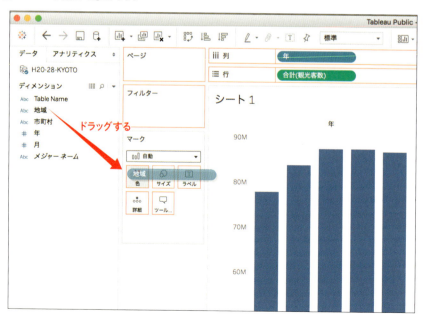

図1.1.12：年ごと・6つの地域に色分けされたグラフ

図1.1.13:「地域」の並び替え

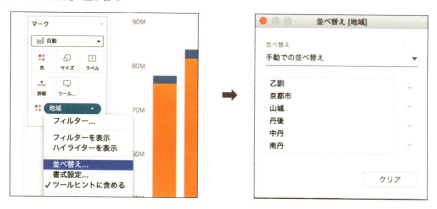

ドリルダウン／ドリルアップする

　ディメンションに分類されている「地域」と「市町村」、「年次」と「月次」は、それぞれ階層構造になっています。Tableauでは、ディメンション内の階層を自分で作成できます（図1.1.14）。作成した「年ごとの地域別の観光客数の推移」は「年」や「地域」の［＋］マークをクリックすると、細分化された「月」や「市町村」のデータをドリルダウンで確認できます（図1.1.15）。逆に［－］マークをクリックするとドリルアップされます。

図1.1.14:「地域—市町村」や「年次—月次」の階層を作成する

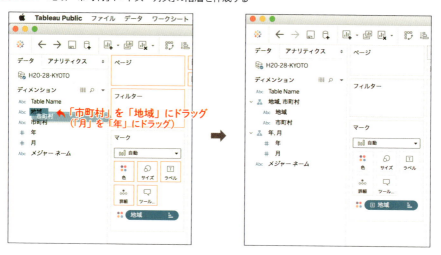

図1.1.15：月ごとの観光客数（ドリルダウン：[年]の[+]をクリックすると月ごとのグラフに変化）

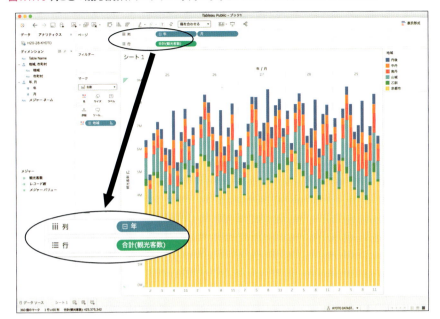

観光客数の変化量を確認する

　ここまで作成したグラフでは、京都市の観光客数（棒グラフの黄色）は直近で減少し、他の地域が堅調に伸びているのがわかります。詳しく見るために「簡易表計算」機能を使ってみましょう。図1.1.16では前年比を表示しています。図1.1.17では、全体に対する割合のグラフを作成して地域ごとの傾向を表示しています。これで、直近の観光客数の変化は、観光客の多い月や月ごとのバランスが変化したためということがわかります。

図1.1.16：観光客数(前年比)

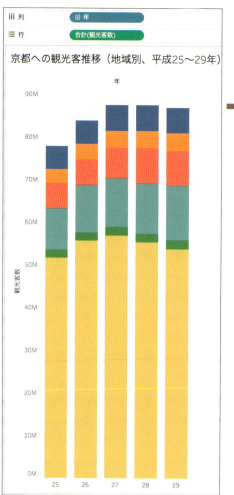

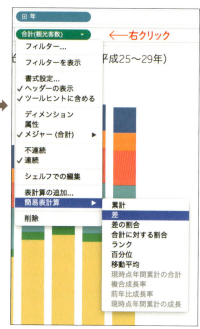

行の「観光客数」を右クリックして、[簡易表計算]から[差]を選択する

1-1　Tableau──観光客数の推移を「地域」「年月」でドリルダウン分析

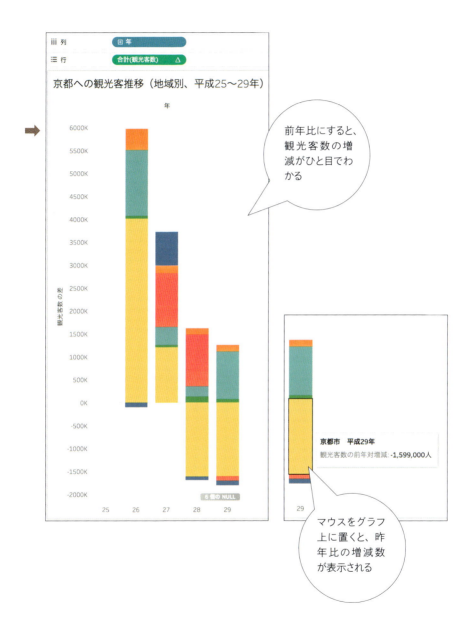

chapter 1　統計グラフ

図1.1.17:地域ごとの傾向

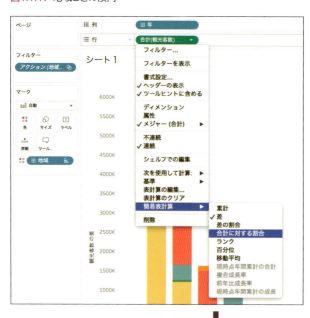

①[簡易表計算] ➡ [合計に対する割合]を選択する

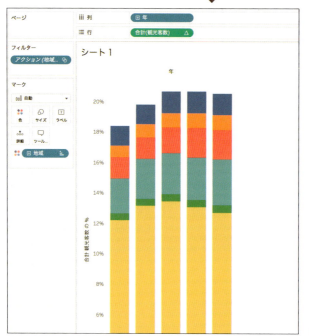

②軸の数値が「％」に変わる

1-1 Tableau──観光客数の推移を「地域」「年月」でドリルダウン分析

③[行]に「地域」を追加する

④「地域」ごとの割合に分割される

chapter 1　統計グラフ

⑤「年」をドリルダウンして「月」表示にする

⑥ [マーク] を [線] に変更する

1-1 Tableau──観光客数の推移を「地域」「年月」でドリルダウン分析

⑦地域ごとのトレンドを表示する

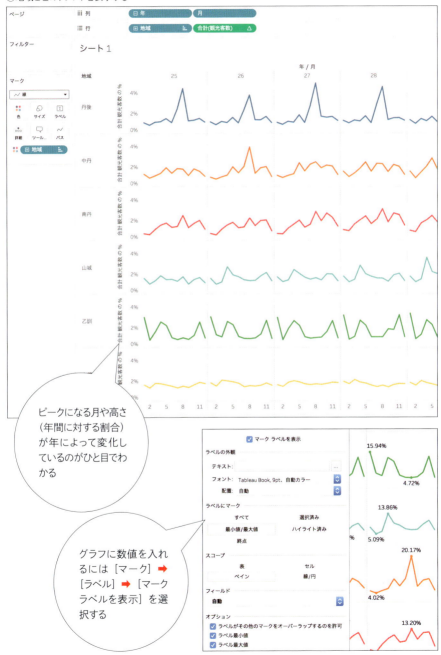

ピークになる月や高さ（年間に対する割合）が年によって変化しているのがひと目でわかる

グラフに数値を入れるには［マーク］➡［ラベル］➡［マークラベルを表示］を選択する

ダッシュボードを作成する

ここまでわかったことを1つにまとめてみましょう。Tableauでは「ダッシュボード」にシートを並べて表示できます（図1.1.18）。「観光客数の推移」「前年対比」「月ごとの割合」の3つのグラフを見比べることで、データの持つ意味をより

よく理解できます（図1.1.19）。

なお、ダッシュボードでは、選択したグラフの地域（あるいはドリルダウンした市町村）を選択すると、もう1つのグラフもそれに連動するように設定できます（図1.1.20）。

図1.1.18：ダッシュボードを作成する

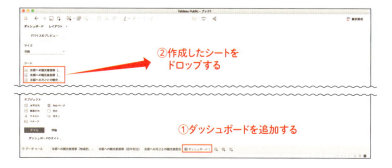

図1.1.19：ダッシュボード

1-1 Tableau──観光客数の推移を「地域」「年月」でドリルダウン分析

図1.1.20:関連するグラフを連動させる

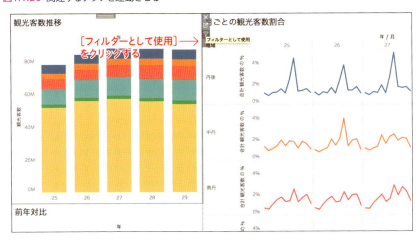

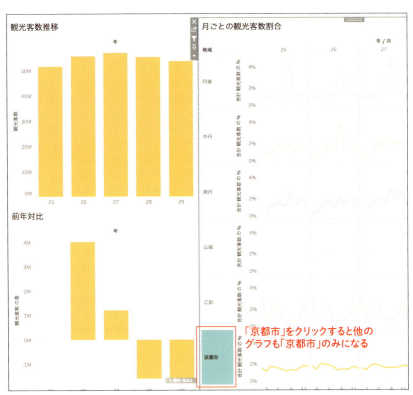

その他の表現方法

Tableauは、ほかにも多彩な表現方法があります。図1.1.21～図1.1.23は、さまざまなオープンデータを活用して作成したもので、京都府オープンデータポータルサイト「KYOTO DATASTORE」で公開されているものです。

図1.1.21：地区別の人口推計（グラフと地図上のエリアの連動）

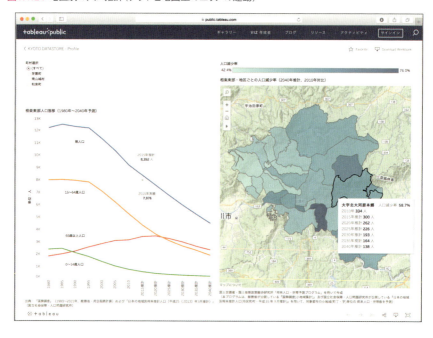

1-1　Tableau──観光客数の推移を「地域」「年月」でドリルダウン分析

図1.1.22:クマの目撃情報(目撃件数をクマのアイコン、位置情報データを地図上にプロット)

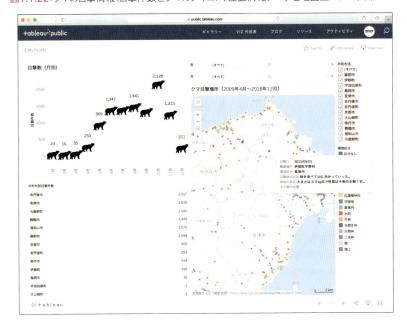

図1.1.23:インバウンド観光客分析(世界地図に国別の観光客数を円グラフで表示)

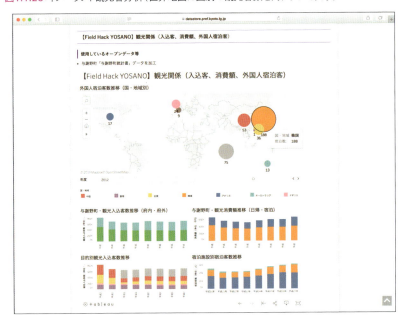

インターネット上で公開・共有する

ビジュアライゼーションが完成したら、Tableau SoftwareのWebサービス「Tableau Public」に登録しましょう。インターネット上に無料のスペース（10GBまで）を作成できます。PCに保存できる「Tableau Desktop」とは異なり、外部に保存することになるので、機密情報などの作成には向いていません。ご注意ください。

公開手順は図1.1.24のようにメニューの［ファイル］→［Tableau Publicに保存］を選択して、表示される「Tableau Publicのログイン画面］からログインして保存する名前などを入力します。共有する場合は、詳細画面でワークブックやデータのダウンロードを共有するかどうかを設定することもできます。

図1.1.24：Tableau Publicに保存する

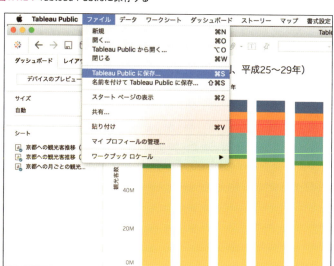

参考文献

- TableauのWebサイト（ⓘhttps://www.tableau.com/ja-jp/learn/training/）
  ※さまざまなトレーニング動画やオンラインマニュアルがあります。
- 『Tableauデータ分析〜入門から実践まで』、小野泰輔／前田周輝／清水隆介／三好淳一／山口将央 著、秀和システム（2017）

地域の情報を可視化しよう！〜オープンデータとBIツールの相性の良さ

「オープンデータ」という言葉を聞いたことはありますか？国の文書では、次のようなものであるとされています。

> 国、地方公共団体及び事業者が保有する官民データのうち、国民誰もがインターネット等を通じて容易に利用（加工、編集、再配布等）できるよう、次のいずれの項目にも該当する形で公開されたデータをオープンデータと定義する。
> ① 営利目的、非営利目的を問わず二次利用可能なルールが適用されたもの
> ② 機械判読に適したもの
> ③ 無償で利用できるもの

出典：「オープンデータ基本指針」（平成29年5月30日 高度情報通信ネットワーク社会推進戦略本部・官民データ活用推進戦略会議決定）

本節では、京都府・京都市のオープンデータを使用してグラフチャートを作成しましたが、上記のような形で公開されたオープンデータを、BIツールに取り込んでデータ可視化を行い、インターネット上で手軽に共有することも示しました（無料でできます！）。地域の現状を、さまざまな分野にわたって共有できることを意味していると言えます。

その地域に暮らす住民はもちろん、その地域に関心のある多様な主体が、データを通じて地域を理解することは非常に重要だと思います。そのためには、さまざまなオープンデータが公開されていることが必要です。その際、関連があるのが、2020年度末までにすべての地方公共団体でオープンデータを公開する目標です。現状では、すべての都道府県・政令指定都市とその他の市町村含めて、全団体の約26％が公開済みとなっているほか（2019年3月現在。詳細は国の「政府CIOポータル」オープンデータⓘhttps://cio.go.jp/policy-opendataから知ることができます）、福井県と京都府については、全市町村がオープンデータを公開しており、その各地の情報を広域的に把握することが可能になりつつあります。

そうしたことを背景に、公開されたオープンデータをよりよく知ってもらうために、地方公共団体でもBIツールを活用して地域の情報を可視化する取り組みが徐々に始まっています。さまざまな可視化ページをご覧いただき、ぜひ「こういうデータを見てみたい、使ってみたい」とリクエストを出してみてください。せっかく公開されたオープンデータ、みなさんで可視化して共有してみましょう！

（参考）TableauなどBIツールを活用したオープンデータの可視化を行っている
　　　　地方公共団体のサイト
- 北海道札幌市：ダッシュボード（データ活用事例）（ⓘhttps://data.pf-sapporo.jp/）
- 神奈川県横浜市：データで見る横浜　（ⓘhttps://data.city.yokohama.lg.jp/）
- 京都府：ビジュアライズ　（ⓘhttps://www.datastore.pref.kyoto.lg.jp/）
- 奈良県生駒市：オープンデータの可視化事例集　（ⓘhttps://data.city.ikoma.lg.jp/）

chapter 1　統計グラフ

1-2

Power BI Desktop

―― Excelでは表現できない多彩なカスタムビジュアルを
すばやく簡単に

Power BI Desktopは、Microsoftが提供するBIツールです（Windows環境のみ）。
ここでは、インタラクティブなデータ分析レポートを作成します。
なお、Power BI Desktopは、基本的に毎月アップデートされているので、
本書の内容と異なる場合があります。

©Shutterstock/Foxy burrow

1-2 Power BI Desktop──Excelでは表現できない多彩なカスタムビジュアルをすばやく簡単に

Input 個人属性（性別、職業）と年収（$50K境界）のデータセット
（UCI Machine Learning Repository）

[左] UCI Machine Learning Repositoryで公開されている「Adult Data Set」
①https://archive.ics.uci.edu/ml/datasets/adult/

[右] [Download: Data Folder] ➡ [adult.data] で表示したデータ（カンマ区切り）。

Tool Power BI Desktop（無料、Windowsのみ）

 Microsoftが提供しているセルフBIツールで、基本的な機能は無料で利用できる。さまざまなリソースからデータを取得でき、Office製品に近い操作感が特徴。クラウド上で動作する「Power BI Service」もある。

Output さまざまなビジュアル表示

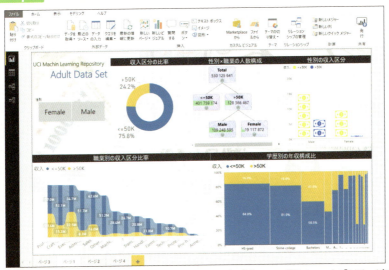

一般的なグラフ以外に「リボングラフ」「メッコチャート」「インフォグラフィック」「ツリービズ」をレポートに集約。Marketplaceからカスタムビジュアルをインポートすることもできる。

Power BI Desktopをインストールする

Power BI Desktopは図1.2.1の[無料ダウンロード]からダウンロードして、インストールします。

図1.2.1：Power BI DesktopのWebサイト（①https://powerbi.microsoft.com/ja-jp/desktop/）

データを読み込ませる

Power BIはPC上のCSVやXLSX形式のデータやさまざまなデータベースなど、多種多様なデータソースと接続し、利用することが可能です。ここでは、Webから直接読み込みます。

Power BI Desktopを起動して[データを取得]➡[Web]を選択し（図1.2.2）、下記のURLを指定すると、図1.2.3のように自動的にデータの内容を識別し、データモデルとして加工してくれます（本データはカンマ区切りデータです）。さらに、列（カラム）の名前を編集して準備は完了です（図1.2.4）。

①https://archive.ics.uci.edu/ml/machine-learning-databases/adult/adult.data

1-2 Power BI Desktop──Excelでは表現できない多彩なカスタムビジュアルをすばやく簡単に

図1.2.2:データの取得

図1.2.3:Webの読み込み

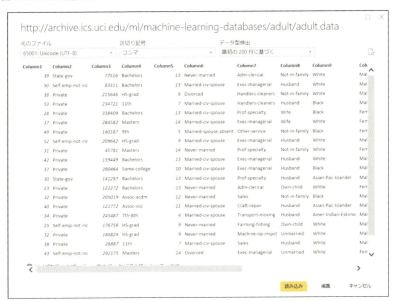

chapter 1　統計グラフ

図1.2.4：利用するデータセット

年齢	業種	重み	学歴	学歴(数...	配偶者の有無	職業	続柄	人種
39	State-gov	77516	Bachelors	13	Never-married	Adm-clerical	Not-in-fami...	Whi
50	Self-emp-not-...	83311	Bachelors	13	Married-civ-spouse	Exec-managerial	Husband	Whi
38	Private	215646	HS-grad	9	Divorced	Handlers-clean...	Not-in-fami...	Whi
53	Private	234721	11th	7	Married-civ-spouse	Handlers-clean...	Husband	Bla
28	Private	338409	Bachelors	13	Married-civ-spouse	Prof-specialty	Wife	Bla
37	Private	284582	Masters	14	Married-civ-spouse	Exec-managerial	Wife	Whi
49	Private	160187	9th	5	Married-spouse-ab...	Other-service	Not-in-fami...	Bla
52	Self-emp-not-...	209642	HS-grad	9	Married-civ-spouse	Exec-managerial	Husband	Whi
31	Private	45781	Masters	14	Never-married	Prof-specialty	Not-in-fami...	Whi
42	Private	159449	Bachelors	13	Married-civ-spouse	Exec-managerial	Husband	Whi
37	Private	280464	Some-colle...	10	Married-civ-spouse	Exec-managerial	Husband	Bla
30	State-gov	141297	Bachelors	13	Married-civ-spouse	Prof-specialty	Husband	Asi
23	Private	122272	Bachelors	13	Never-married	Adm-clerical	Own-child	Whi
32	Private	205019	Assoc-acdm	12	Never-married	Sales	Not-in-fami...	Bla
40	Private	121772	Assoc-voc	11	Married-civ-spouse	Craft-repair	Husband	Asi
34	Private	245487	7th-8th	4	Married-civ-spouse	Transport-movi...	Husband	Ame

PowerQueryとDAX

ビジネスの現場ではビジュアル化する前に、データの加工・編集からさまざまな条件での集計などの処理が必要になるケースが日常茶飯事です。Power BIには、効率的に前処理や集計する機能として「PowerQuery」「DAX（Data Analysis Expressions）」が搭載されています。本節では触れませんが、ぜひ活用してください。

基本的な作成の流れ

Power BI Desktopでは、まず［視覚化］ウィンドウから選択し（図1.2.5）、ビジュアルに適した［軸］［判例］［値］をフィールド上からドラッグ＆ドロップします（図1.2.6）。細かな書式も設定できます。一部例外はありますが、カスタムも含めて、この流れで作成します。

図1.2.7はPower BI標準の「リボングラフ」です。単なる積み上げ棒グラフではなく、それぞれの要素別の遷移がわかりやすいのが特徴です。

図1.2.5:[視覚化]ウインドウ

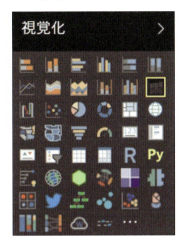

図1.2.6:[軸][判例][値]

図1.2.7:リボングラフ

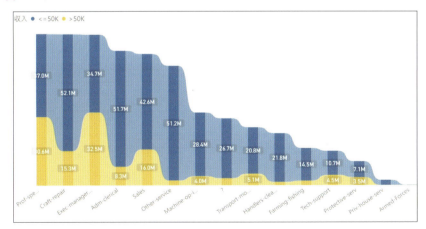

標準以外のビジュアル

Power BI Desktopでは標準以外のビジュアルも利用できます（図1.2.8）。AppSourceからダウンロードしたり、自身で開発することもできます（図1.2.9）。

図1.2.8：Power BIビジュアル

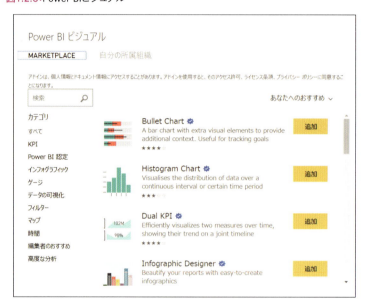

図1.2.9：Power BIデベロッパーセンター

さまざまビジュアル

Marketplaceからインポートしたカスタムビジュアルを作成し、レポートに設置してみましょう。

図1.2.10は「メッコチャート」です。通常、X軸の構成比は表現できませんが、メッコチャートはX軸の比率を幅で表現しています。どの項目の比重が大きいかよくわかります。

図1.2.10：メッコチャート

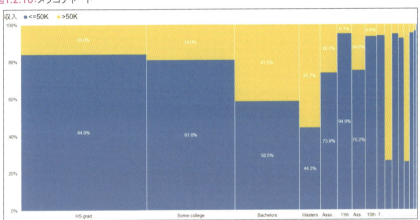

図1.2.11は「インフォグラフィック」を適用したものです。さまざまなアイコンや独自の画像などでグラフを作成できます。利用するアイコンやイラストのセンスが試されますが、ひと目で何を表現したいのがわかります。

図1.2.11：インフォグラフィック

図1.2.12は階層的にデータの構成を確認できる木構造で表現しています。Power BIカスタムビジュアルでは「ツリービズ」と呼ばれます。クリック操作でデータを階層的に展開できるため、1つのビジュアルでより深くデータを探索できます。

図1.2.12：ツリービズ

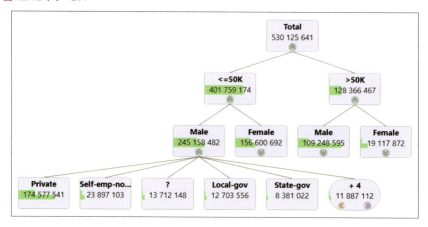

> **注意**
>
> Power BIは、さまざまなソースとビジュアルをレポートとして統合し、共有・公開できます。ただし、無料版ではWeb上での一般公開のみで、特定他者との共有は別途有料ライセンスが必要になります。

データ可視化の最終目的は人を動かすこと　　（五十嵐康伸）

データに関連する技術はA データ計測、B データ解析、C データ可視化に大別できます。データ解析は統計処理と機械学習を含みます。これら3つの中で、データ可視化は何が違うのでしょうか？

下の図の人が世界に対して計測・解析・可視化を行った際のデータの流れをご覧ください。データは左から右に流れています（簡単のため、ループ構造は考えません）。データ可視化の出力先は必ず人だというところが一番の違いです。

データ計測を行うハードウェア・ソフトウェアは世界を計測します（簡単のためシミュレーションの世界は考えません）。計測結果の出力先としては、計測している人もしくはデータ解析を行うハードウェア・ソフトウェアがあります。データ解析を行うハードウェア・ソフトウェアは、計測結果を解析します。解析結果の出力先としては、解析している人もしくはデータ可視化を行うハードウェア・ソフトウェアがあります（何も解析せず、生の計測結果を出力する場合もありえます）。データ可視化を行うハードウェア・ソフトウェアは、解析結果を可視化します。しかし、可視化結果の出力先としては、可視化している人もしくは可視化結果を見せたい人しかありません。つまり、データ可視化の出力先は必ず人であり、データ可視化は人間に受け入れられやすい形にデザインしなくてはならないところが、データ計測やデータ解析との違いなのです。

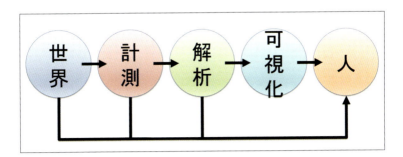

データ可視化が結果を人に出力をする目的は何なのでしょうか？ その目的は、人の心や体を動かすことです。人を動かす方法には、他の方法もあります。新聞記者は文章や表を作成する方法を、政治家は法律や予算を成立させる方法を、芸術家は映画・演劇・絵画・音楽を創造する方法を持っています。データ可視化以外の方法で人を動かし、現在抱えている課題を解決できるなら、無理にデータ可視化を行う必要はありません。データ可視化でないと課題解決できない、もしくはデータ可視化を行うほうが効率良いと判断したときにデータ可視を使うべきだ、と我々は考えています。

chapter 1　統計グラフ

1-3

Gapminder

──時間変化する複雑なデータをダイナミックに わかりやすく伝えられる

Gapminderは統計情報を時系列で動的に変化させる「モーションチャート」が利用できるツールで、統計データにストーリーを持たせて伝えたいときに活躍します。本節では、昨今注目されている人口減少や出生率の低下、東京への一極集中の傾向を、Gapminderで可視化してみます。

©Shutterstock/Foxy burrow

1-3 Gapminder——時間変化する複雑なデータをダイナミックにわかりやすく伝えられる

Input 都道府県別の人口推移(左)と出生率推移(右)

[左]「国立社会保障・人口問題研究所」の「人口統計資料集(2018)－表12-2 都道府県別人口」
ⓘ http://www.ipss.go.jp/

[右]「データカタログサイト」の「上巻_4-5_都道府県別にみた年次別合計特殊出生率」
ⓘ https://www.data.go.jp/

Tool Gapminder(無料)

非営利組織のGapminder Foundationが提供するツール。統計情報を時系列で動的に変化させる「モーションチャート」が利用できる。
ⓘ https://www.gapminder.org/

Output 神奈川県と沖縄県の人口／出生率の推移(モーションチャート)

表示項目として「人口」と「合計特殊出生率」を選択し、各都道府県の1960年～2010年の変化をモーションチャートで動的に表示。注目する都道府県(ここでは「神奈川県」と「沖縄県」)を選択すると変化の軌跡が残るようになる。

モーションチャートとは

モーションチャートは散布図や折れ線グラフなどの2次元のプロットを動的に時間変化させるものです。たとえば、世界各国の収入（Income）と寿命（Life Expectancy）のプロットを1800年から現在まで1年ずつ動かして見れば、世界的に収入が向上し、寿命が延びてきたことがひと目でわかるようになります。

また、『FACT FULLNESS』の著者であるハンス・ロリング氏のTED[注1]での動画[注2]を観たことがある方もいるでしょう。

注1
技術・教育・デザインをはじめあらゆるジャンルにおいて広める価値おあるアイデアを魅力的に伝える「スーパープレゼンテーション」とも呼ばれる番組です。
注2
「The best stats you've ever seen」(ⓤhttps://www.ted.com/talks/hans_rosling_shows_the_best_stats_you_ve_ever_seen)。

都道府県別の人口推移データをダウンロードする

「国立社会保障・人口問題研究所」のWebサイトから［人口統計資料集］➡［2019年版］➡［XII. 都道府県別統計］➡［表12-2 都道府県別人口：1920～2015年］にアクセスしてデータをダウンロードします（図1.3.1）。

図1.3.1:都道府県別の人口推移

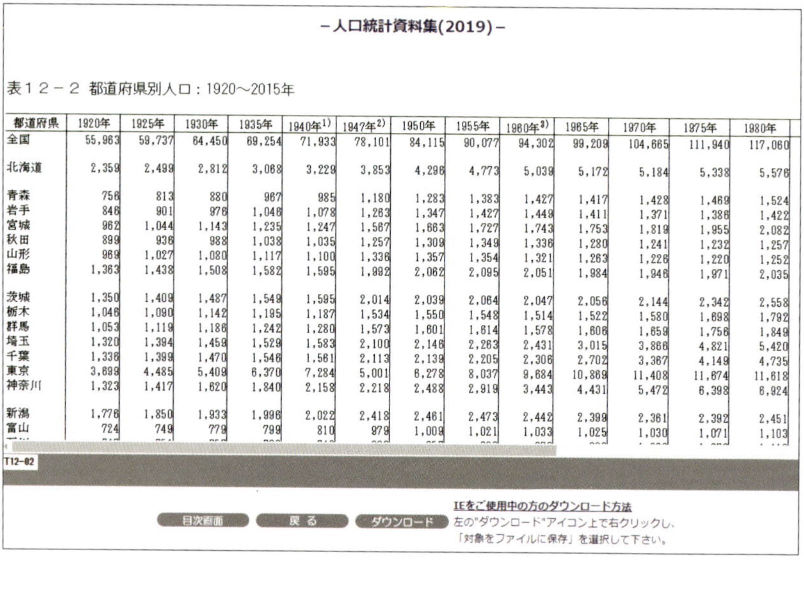

－人口統計資料集(2019)－

表１２－２ 都道府県別人口：1920～2015年

都道府県	1920年	1925年	1930年	1935年	1940年1)	1947年2)	1950年	1955年	1960年3)	1965年	1970年	1975年	1980年
全国	55,963	59,737	64,450	69,254	71,933	78,101	84,115	90,077	94,302	99,209	104,665	111,940	117,060
北海道	2,359	2,499	2,812	3,068	3,229	3,853	4,296	4,773	5,039	5,172	5,184	5,338	5,576
青森	756	813	880	967	985	1,180	1,283	1,383	1,427	1,417	1,428	1,469	1,524
岩手	846	901	976	1,046	1,078	1,263	1,347	1,427	1,449	1,411	1,371	1,386	1,422
宮城	962	1,044	1,143	1,235	1,247	1,567	1,663	1,727	1,743	1,753	1,819	1,955	2,082
秋田	899	936	988	1,038	1,035	1,257	1,309	1,349	1,336	1,280	1,241	1,232	1,257
山形	969	1,027	1,080	1,117	1,100	1,336	1,357	1,354	1,321	1,263	1,226	1,220	1,252
福島	1,363	1,438	1,508	1,582	1,595	1,992	2,062	2,095	2,051	1,984	1,946	1,971	2,035
茨城	1,350	1,409	1,487	1,549	1,595	2,014	2,039	2,064	2,047	2,056	2,144	2,342	2,558
栃木	1,046	1,090	1,142	1,195	1,187	1,534	1,550	1,548	1,514	1,522	1,580	1,698	1,792
群馬	1,053	1,119	1,186	1,242	1,280	1,573	1,601	1,614	1,578	1,606	1,659	1,756	1,849
埼玉	1,320	1,394	1,459	1,529	1,583	2,100	2,146	2,263	2,431	3,015	3,866	4,821	5,420
千葉	1,336	1,399	1,470	1,546	1,561	2,113	2,139	2,205	2,306	2,702	3,367	4,149	4,735
東京	3,699	4,485	5,409	6,370	7,284	5,001	6,278	8,037	9,684	10,869	11,408	11,674	11,618
神奈川	1,323	1,417	1,620	1,840	2,158	2,218	2,488	2,919	3,443	4,431	5,472	6,398	6,924
新潟	1,776	1,850	1,933	1,996	2,022	2,418	2,461	2,473	2,442	2,399	2,361	2,392	2,451
富山	724	749	779	799	810	979	1,009	1,021	1,033	1,025	1,030	1,071	1,103

T12-02

目次画面 戻る ダウンロード

IEをご使用中の方のダウンロード方法
左の"ダウンロード"アイコン上で右クリックし、
「対象をファイルに保存」を選択して下さい。

都道府県別の出生率推移データをダウンロードする

「データカタログサイト」のWebサイトから"人口動態調査_人口動態統計_確定数_出生_年次_2014年"で検索をして表示されたデータセットの「上巻_4-5_都道府県別にみた年次別合計特殊出生率」からデータをダウンロードします（図1.3.2）。

図1.3.2：都道府県別の出生率推移

データを結合する

それぞれのデータを表1.3.1のように揃えて1つのファイル（data.csv）にCSV形式で作成します。エンコーディングは「UTF-8」にして、2列目の「種類」には「人口」と「合計特殊出生率」で分け、1960年～2010年までの5年刻みのデータを格納します。

表1.3.1：結合したCSVファイル（イメージ）

都道府県	種類	年										
		1960	1965	1970	1975	1980	1985	1990	1995	1995	2005	2010
北海道	人口	5039	5172	5184	5338	5576	5679	5644	5692	5683	5628	5506
青森	人口	1427	1417	1428	1469	1524	1524	1483	1482	1476	1437	1373
⋮	⋮	⋮	⋮	⋮	⋮	⋮	⋮	⋮	⋮	⋮	⋮	⋮
鹿児島	人口	1963	1854	1729	1724	1785	1819	1798	1794	1786	1753	1706
沖縄	人口	883	934	945	1043	1107	1179	1222	1273	1318	1362	1393
北海道	合計特殊出生率	2.17	2.13	1.93	1.82	1.64	1.61	1.43	1.31	1.23	1.15	1.26
青森	合計特殊出生率	2.48	2.45	2.25	2.00	1.85	1.80	1.56	1.56	1.47	1.29	1.38
⋮	⋮	⋮	⋮	⋮	⋮	⋮	⋮	⋮	⋮	⋮	⋮	⋮
鹿児島	合計特殊出生率	2.66	2.39	2.21	2.11	1.95	1.93	1.73	1.62	1.58	1.49	1.62
沖縄	合計特殊出生率				2.88	2.38	2.31	1.95	1.87	1.82	1.72	1.87

Gapminderをインストールする

Gapminderのダウンロードサイト（図1.3.3）からWindows／Mac／Linuxを選択してダウンロードできます。本項執筆時点（2019年3月）での最新は「v4.0.0」ですが、推奨は「v3.4.0」になっています。

1-3 Gapminder──時間変化する複雑なデータをダイナミックにわかりやすく伝えられる

図1.3.3：Gapminderのダウンロードサイト（©https://www.gapminder.org/tools-offline/）

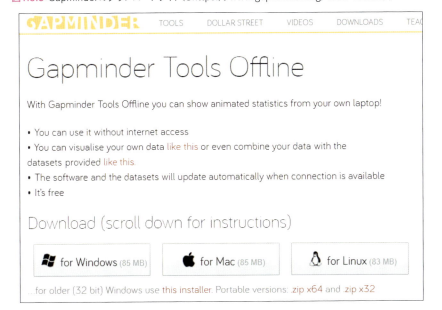

Gapminderにデータを読み込む

Gapminderを起動し、先ほど作成したCSVファイル（data.csv）を読み込ませます。メニューの［ファイル］→［New chart］→［Your data］→［CSV file］をクリックし、3つのステップで設定します（図1.3.4）。

［Step 1］ではグラフ（Chart）の種類として「Bubbles」を選択します。各都道府県の人口や出生率が年の散布図を描く設定になります。

［Step 2］ではデータ中の時間軸の向きを設定します。ここで利用するデータは、表1.3.1のように1960年から2010年までのデータが「左から右に」記載されているので「Time goes right」を指定します。

［Step 3］では読み込ませるCSVファイル（data.csv）を選択します。

以上の3つを設定して［OK］をクリックすると完了です。

図1.3.4:新規チャートの設定

作成したグラフを確認する

作成したグラフ（図1.3.5）は、横軸に「人口」、縦軸に「合計特殊出生率」がプロットされた散布図になっています。背景の「2010」は表示している年を意味します。それでは、グラフの下にある再生ボタンをクリックして、1960年から2010年まで動かしてみましょう。背景の数字が1960からカウントアップしながらプロットが動き出します。

また、プロットの色やサイズ、再生速度をデータの値に対応するように変更できます。①②では特定の項目の値に対応するように色やサイズを設定できます。③ではゲージを下げるほど動きを遅くできます。④はその他詳細な設定が可能です。

図1.3.5:作成したグラフ

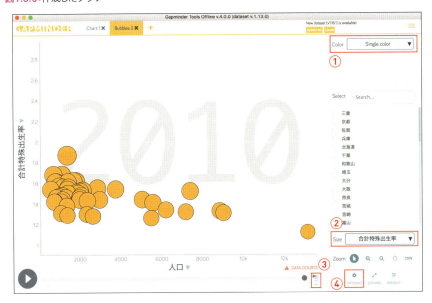

注目したい都道府県のみ表示する

　注目したい都道府県のプロットを追跡してみます。たとえば、神奈川県の場合は右から2番目の円をクリックすると「神奈川 2010」のラベルが表示されます（図1.3.6）。この状態で再生ボタンをクリックすると、神奈川県のプロットは軌跡が表示されます（図1.3.7）。

　神奈川県では人口は単調に増加する一方で、出生率は1960年～1965年に大きく伸びて以降は2005年まで右肩下がりになり、2010年には若干上昇してきたことが読み取れます。

図1.3.6:神奈川県(右から2番目の円)をクリックする

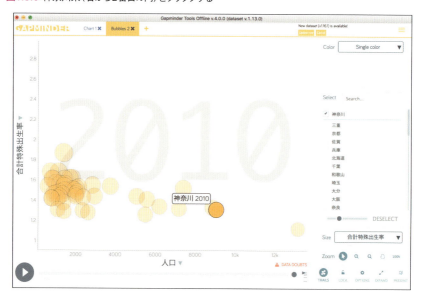

図1.3.7:神奈川県の軌跡

複数の都道府県を比較する

複数の都道府県を選択し、それぞれの動きを比較して伝えることも可能です。

図1.3.8は神奈川県と沖縄県の人口の変化を表示しています。

図1.3.8：神奈川県と沖縄県の比較

作成したグラフを保存する／出力する

作成したグラフはメニューの［File］
➡［Save］で保存できます。また、［File］
➡［Export］で「SVG」「HTML」「PNG」などの形式で出力できます。

Gapminderで入手できる統計データ

GapminderのWebサイトの［DATA］をクリックすると、世界中のさまざまな統計データが利用できます（図1.3.9）。

本稿執筆時点（2019年3月）では519種類にのぼります。

chapter 1　統計グラフ

図1.3.9:紹介されている世界のさまざまな統計データ

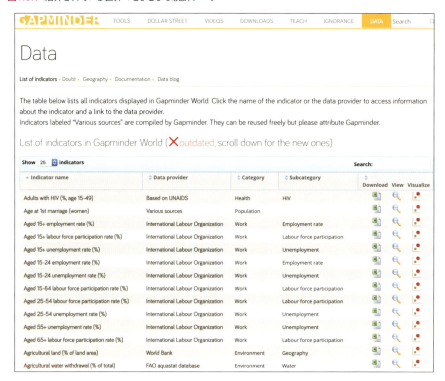

〉 Gapminderのデモ用グラフ 〉

　[TOOLS]をクリックして表示された図1.3.10の左上の[Bubbles]をクリックすると「Income」「Maps」「Trends」「Ranks」「Ages」(図1.3.11〜図1.3.15)を選択できます。用途に応じたグラフを選択してみましょう。

図1.3.10:デモ①(Bubbles)

図1.3.11:デモ②(Income)

chapter 1　統計グラフ

図1.3.12:デモ③(Maps)

図1.3.13:デモ④(Trends)

図1.3.14：デモ⑤（Ranks）

図1.3.15：デモ⑥（Ages）

chapter 2
地図

意外にカンタンで
拍子抜けするかも!?

地図で表現すれば、さらに情報を具体的に表現できますが、
どこか難しいイメージを持っていませんか。GISや緯度・経度などの専門知識は
改めて学ぶとして、まずは簡単に使えるツールで作成してみませんか。

Excel&Bingマップ

➡P.70

ArcGIS Online

➡P.76

QGIS

➡P.88

chapter 2 地図

地図とは？

　一口に地図と言っても、世界地図のように広い範囲を1枚に表したものもあれば、職場のフロア配置図のように狭い範囲を表したものもあります。また、ゲームの世界のものかもしれませんし、駅から会社までの経路を目印となる地点のみを入れてデフォルメしたものもあります。

　なんらかの位置を持った情報を、平面上に表したものが地図です。ただし、Google Earthのように球面に表そうとするものも含まれる場合があります。

使われる要素

　位置を持った情報が示す範囲の違いによって、「ポイント（点）」「ライン（線）」「ポリゴン（面）」のいずれかで表示するスタイルを変えて表します。ポイント（点）は何らか別の記号に置き換えて表示されるかもしれません。見やすくわかりやすい表現を選択することは、地図を作成するうえで重要な作業です。

地図上の位置を決めるために必要なこと

　地図上の位置を決めるには、緯度・経度が定まっているほうが都合の良い場合が多いです。もしくは地球を表す球面から、平面へ投影された際の座標を与えます。ただし、位置が住所で書かれている場合など、手に入る情報にそれらが含まれないも多くあります。その場合は、住所から緯度・経度に変換が必要になるので、いくつかの方法を覚えておいたほうが便利でしょう。

地図で表現する意義

　図2.0.1は、無料Wi-Fiが設置されている位置を点として、点の密度でヒートマップ表示した例です。元の情報は住所で位置を表した一覧ですが、地図で表現することによって、空間的な把握が容易に行えるようになります。一番濃く表示されている地域は、街の中心部のメインストリートですし、いくつかの塗りが連続している地点は商業地域や幹線道路沿いであることも想像できます。

図2.0.1:ヒートマップ（例）

背景地図はMIERUNE地図を使用。Data by OpenStreetMap contributors, under ODbL

表現の仕方で印象が変わる

地図は、空間的な広がりや位置関係の見せ方を工夫することによってわかりやすくなりますが、場合によっては間違った印象を与えることもあります。たとえば、平面をどのように表現するかによって、「面積」「角度」「距離」のいずれかしか正しく把握することができない場合があります。

常に、何を正しく表現したいのかを意識して、地図の形式や表現方法を選択する必要があります。

本章で紹介するツール

地図を作成できるツールは数多くあります。持っている情報の種類によってツールの選択も変わってくるでしょう。住所や行政区域名の情報がある場合は、位置情報から緯度・経度に楽に変換できるかが重要になるかもしれません。また、単に位置関係を把握するためなのか、その先の位置情報を使った解析まで見据えるのかによっても変わってきます。さらに作成した地図を個人的に利用するだけなのか、インターネットを通して広く公開したいかによっても変わってきます。

本章では、代表的なツールの利用例として、次の3つを紹介します。

- 「Excel」から地図上に位置をプロットする方法
- 「ArcGIS Online」を使ってインターネット上で地図を公開する方法
- 「QGIS」を使ってさまざまな表現を試してみる方法

chapter 2　地図

2-1

Excel&Bingマップ
──店舗別の売上データをExcel上でそのまま地図表示

BingマップをExcel（2013以降）のアドインとして利用します。普段使っているExcelデータをクリック操作のみで地図上に円グラフとして表示できます。表現方法は豊富ではありませんが、棒グラフ・折れ線グラフだけのレポートにひと味加えてみましょう。

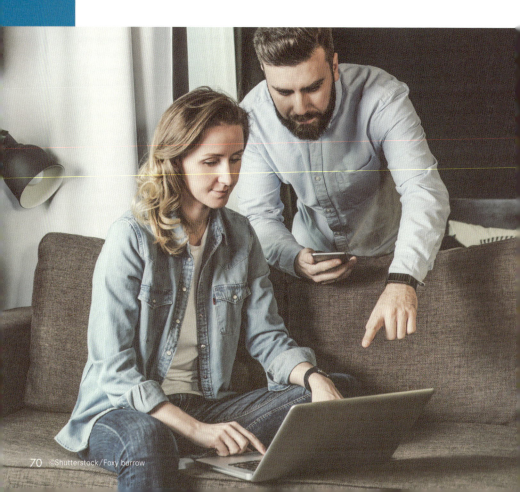

2-1 Excel&Bingマップ──店舗別の売上データをExcel上でそのまま地図表示

Input 舗ごとの前月／当月の売上と住所

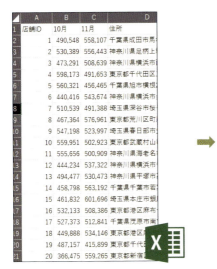

Tool Excel（2013以降）と Bingマップ（Excelアドイン）

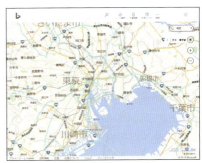

店舗ごと前月／当月の売上と住所データをExcel形式で準備する。場合によっては、たとえば学区内の中学校の昨年と今年の生徒数と住所データなど、確認したい対象の数値と住所があれば利用できる。

BingマップアドインはExcel 2013以降で利用でき、地図上に「100レコード」までプロットできる。最大の特徴は、住所情報から緯度・経度を変換する必要がなく、国内の住所を自動的に地図上に読み込んでくれること。正確な位置情報が必要な場合は、緯度・経度情報を読み込むことも可能。

Output 店舗別の売上データ

［左］売上データを店舗の所在場所でプロットしたもの
［右］前月と今月の売上をプロットしたもの

データを準備する

ここでは、ある小売チェーンにおけるキャンペーン効果の高かったエリアや店舗を視覚的に判断するというケースを例にします。店舗別の前月／当月売上と住所が表2.1.1の形式であると想定します（図2.1.1）。

なお、Bingマップ（アドイン）は、地図にプロットできる情報は100レコードまでです。100レコード以上のプロットが必要な場合は、その他のGISツールを利用するか、地域ごとにピボットしてから表示するなどの工夫が必要です。

表2.1.1：データのイメージ

店舗ID	月		住所
	10月	11月	
1	490548	558107	千葉県成田市××××
2	530389	556443	神奈川県足柄上郡××××
:	:	:	:
99	245435	263449	東京都江戸川区××××

図2.1.1：住所・売上情報（ダミーデータ）

	A	B	C	D
1	店舗ID	10月	11月	住所
2	1	490,548	558,107	千葉県成田市馬
3	2	530,389	556,443	神奈川県足柄上
4	3	473,291	508,639	神奈川県横浜市
5	4	598,173	491,653	東京都千代田区
6	5	560,321	456,465	千葉県旭市横根
7	6	440,416	543,674	神奈川県横浜市
8	7	510,539	491,388	埼玉県深谷市桜
9	8	467,364	576,961	東京都荒川区町
10	9	547,198	523,997	埼玉県春日部市
11	10	559,951	502,923	東京都武蔵村山
12	11	555,656	500,909	神奈川県海老名
13	12	444,234	537,322	神奈川県横浜市
14	13	494,477	530,473	神奈川県平塚市
15	14	458,798	563,192	千葉県千葉市若
16	15	461,832	601,696	埼玉県本庄市銀
	16	532,133	508,386	東京都港区麻布

データを加工する

Bingマップアドインは、最初のカラムに場所データ、それに続いて可視化したいデータにする必要があります。ここで、表2.1.1を表2.1.2ような形式にExcel上で加工します（図2.1.2）。

表2.1.1：加工後のデータのイメージ

住所	前月比
千葉県成田市××××	1.14
神奈川県足柄上郡××××	1.05
:	:
東京都江戸川区××××	1.07

図2.1.2：読み込み可能なデータ列順に変更

	A	B
1	住所	前月比
2	千葉県成田市馬	1.14
3	神奈川県足柄上	1.05
4	神奈川県横浜市	1.07
5	東京都千代田区	0.82
6	千葉県旭市横根2	0.81
7	神奈川県横浜市	1.23
8	埼玉県深谷市桜	0.96
9	東京都荒川区町	1.23
10	埼玉県春日部市	0.96
11	東京都武蔵村山	0.90
12	神奈川県海老名	0.90
13	神奈川県横浜市	1.21

Bingマップを使えるようにする

BingマップアドインはExcel 2013以降で利用可能で、Excel上でBingマップアドインを選択します（図2.1.3）。有効にすると、Excelのシート上にBingマップが表示されます（図2.1.4）。その際、インターネットに接続されている必要があります。

図2.1.3：Bingマップアドインを有効にする

図2.1.4：Bingマップの表示

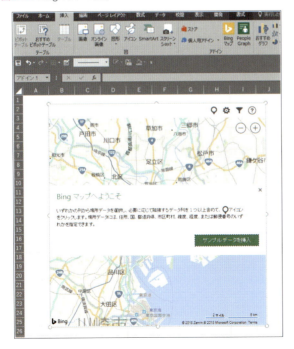

データを読み込んで表示する

作成したデータのセルを選択してBingマップアドインをクリックし「Bingマップへようこそ」を開き、上部の［場所を表示］マークを選択すると表示できます（図2.1.5）。また、前月と当月の売上のように、データが複数ある場合は、円グラフで表示されます（図2.1.6）。

図2.1.5:［場所を表示］マーク

図2.1.6:前月と今月の売上

表示をカスタマイズする

Bingマップをベースにしているので、簡単に移動や拡大でき、全体から細部までのデータの確認は容易です。参照先としているデータが変更されれば、Bingマップアドイン上の表示も動的に反映されます。

上部の[設定]をクリックすると表示内容をカスタマイズできます（図2.1.7）。さらに[フィルタ]で表示する場所を選択することもできます（図2.1.8）。

図2.1.7：表示のカスタマイズ

図2.1.8：表示する場所の選択

chapter 2　地図

2-2

ArcGIS Online
──東京23区の保育園事情を色分け簡単マッピング

ArcGISのクラウドサービスの無料枠を使って、東京都23区の保育園定員数の割合を色分けしたマップを作成します。地図表現は実世界を反映しているのでナイーブな側面もありますが、本当に簡単に始めることができるので、ぜひトライしてみてください。

Map images and Esri images are the intellectual property of Esri and is used herein with permission.
Copyright © 2019 Esri and its licensors. All rights reserved.

©Shutterstock/Wpadington

2-2 ArcGIS Online──東京23区の保育園事情を色分け簡単マッピング

Input 「保育園23区」と「全国市区町村界データ」

ArcGISクラウドで公開されている「ArcGIS Hub」サイトから「保育園」で検索して利用する。後者はArcGISのマップ画面から直接「全国市区町村」で検索して利用する。

①http://hub.arcgis.com/pages/open-data/

Tool ArcGIS Online

「ArcGIS」はEsri社（①https://www.esri.com/）が開発・販売しているGISプラットフォームの名称。PCにインストールして使用するものからブラウザで利用できるクラウドサービスまでさまざまなラインナップが展開されているの特徴。従来は研究者や専門家が使うイメージがあったが、クラウドサービスは誰でも簡単に利用でき、GISの裾野を広げている。

Output 東京23区の保育園事情

［上］保育園の種別（認可保育園／認証保育園（A／B型）／こども園）ごとの定員数
［下］東京23区別の人口に対する保育園定員数の割合

「ArcGIS for Developers」にサインアップする

「ArcGIS for Developers」のサインアップ画面（図2.2.1）にアクセスしてArcGISアカウントを作成すれば、誰でもすぐにGISを始められます。必要事項を入力して［Send Confirmation Email］をクリック、届いた確認メールに沿ってアカウントを登録してください。

作成したArcGISアカウントでは、無料枠として毎月50サービスクレジットが配布されます。ArcGISの集計・分析機能を使うには、サービスクレジットが必要です。

たとえば、住所から緯度・経度を算出する処理（ジオコーディング）であれば、1,250回行うことができます。詳細は「ArcGIS Online（開発者向け）Subscription」（①https://www.esrij.com/products/arcgis-for-developers/details/deployment-plan/）を確認してください。

図2.2.1:「ArcGIS for Developers」のサインアップ画面（①https://developers.arcgis.com/sign-up/）

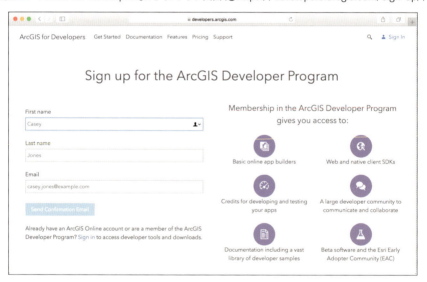

東京23区の保育園データを検索してマップに表示する

「ArcGIS Hub」サイト（図2.2.2）の検索フォームに「保育園」と入力して、検索します。検索結果の一覧から［保育園23区］を選択すると図2.2.3が表示され、データの概要、属性情報、位置情報などを確認できます。このデータは位置情報（緯度・経度）を持っているので、すぐにArcGISのマップに追加して表示できま

す。

データ詳細ページの右側にある［Webマップの作成］（図2.2.4）をクリックするだけでArcGISのマップ画面（図2.2.5）に移動します。この時点で、適当なスタイルは設定されています。

図2.2.2：ArcGIS Hubで「保育園」で検索する（①http://hub.arcgis.com/pages/open-data/）

図2.2.3：「保育園23区」データの詳細

図2.2.4: [Webマップの作成]をクリックする

図2.2.6: [スタイルの変更]ウィンドウ

図2.2.5: ArcGISのマップ画面

保育園の種別で色分けした定員数を表示する

まず、保育園の種別（認可保育園／認証保育園（A/B型）／こども園）を色分けして、それぞれの定員数を表示しましょう。先ほど表示した画面から定員数や種別などの属性情報を表現していきます。

画面左の［保育園23区］にカーソルを合わせると表示されるアイコンから［スタイルの変更］をクリックして表示されたウィンドウで、［表示する属性を選択］に「種別」と「定員」を追加します（図2.2.6）。ここでは、種別を「色」で、定員を「サイズ」で表現されます（図2.2.7）。地図を移動しながら近所の保育園と周辺の保育園の定員数を簡単に比較できるようになりました。

なお、［タイプとサイズ］や［オプション］で細かな設定もできます。設定によって地図の印象も変わってくるので、いろいろと試してください。

図2.2.7：種別（色）と定員数（サイズ）を表示

東京23区別の保育園定員数の合計を集計する①

　ここからはもう少しマクロな観点で保育園データを見ていきます。

　東京23区の各区の人口に対する保育園の定員に余裕があるのかどうかを表示するには、地域（区）ごとに保育園定員数の合計を算出する必要があります。この集計に必要となるのが「東京都23区の境界データ」で、「保育園23区」と同様にArcGIS Hubから取得できます。

　ここでは、すでに開いているArcGISマップ画面からデータを参照してみます。

画面左上の［追加］➡［レイヤーの検索］で、マップ画面からArcGIS Hubのデータを検索して利用できます。［レイヤーの検索］フォームに「全国市区町村」と入力して、結果一覧から「全国市区町村界データ」を選択して［マップに追加］をクリックします（図2.2.8）。

　続いて集計を行います。画面左の［コンテンツ］➡［保育園23区］の下にある［解析の実行］（図2.2.9）をクリックして集計を開始します。

図2.2.8：全国市区町村界データ

図2.2.9：［解析の実行］をクリックする

東京23区別の保育園定員数の合計を集計する②

地域ごとの集計には［ポイントの集約］を利用します（図2.2.10）。

［エリアに集約するポイントを含むレイヤーを選択］には「保育園23区」、［集約エリアを含むレイヤーを選択］には［ポリゴン］➡「全国市区町村界データ」を選択します。地域ごとに定員数の合計値がほしいので、［統計情報の追加］には「定員」➡「合計」を選択します。

これで集計の準備が整ったので、［分析の実行］をクリックして集計を開始します。集計には少し時間がかかります。また、この集計には「1.92」サービスクレジットが必要でした。分析を多用すると、サービスクレジットがなくなってしまうので注意してください。

集計が完了すると、自動的に集計結果のデータがマップに追加されます（図2.2.11）。

図2.2.10:「ポイントの集約」ウィンドウ

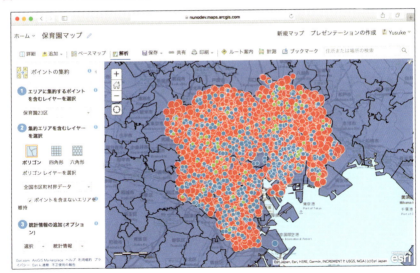

図2.2.11:集計結果(東京23区別の保育園定員数)

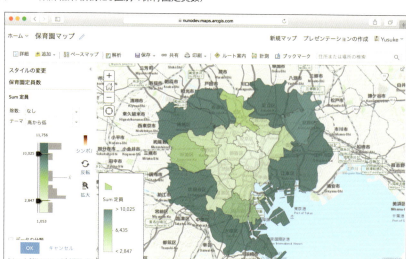

東京23区別の人口に対する保育園定員数の割合を表示する①

続いて、集計値である保育園の定員数と各区の人口を使って割合を表現していきます。先ほどに保育園の「種別」と「定員」の2値を同時に表現しましたが、ここでは2つの値の演算結果を表現してみましょう。

地域ごとの人口に対する保育園定員数の割合を算出するにはリスト2.2.1のような式で求められますが、表示する属性として「Sum定員[注1]」と「P NUM[注2]」を選択して[AをBと比較]を選択するだけで、自動的に算出して色で表現してくれます(図2.2.12)。

リスト2.2.1:保育園定員数の割合を算出する式

[人口に対する保育園定員数の割合] = [保育園定員数] / [人口]

注1
「定員」の合計値は自動的に「Sum定員」という名前になります。
注2
「全国市区町村界データ」に含まれる人口データ(「住民基本台帳に基づく人口、人口動態及び世帯数(平成28年1月1日現在)総務省」)です。

図2.2.12：全2値の割合を表現する

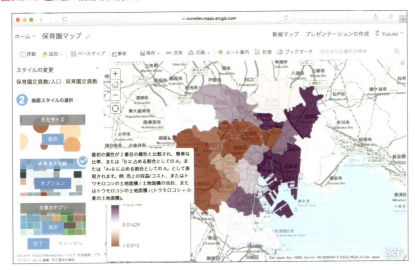

東京23区別の人口に対する保育園定員数の割合を表示する②

あとは描画スタイルの［オプション］から配色などを設定します。背景地図は画面左上の［ベースマップ］から選択できるので、割合のデータが見やすいように薄い色にしました。また、属性情報を使ったラベル設定もできるので、割合の値と区の名前を併記してみます（図2.2.13）。

赤っぽい色の地域は人口に対して保育園の定員が他の地域よりも少ないです。杉並区や世田谷区は保育園激戦区として有名なので、実感に近い結果と言えるかもしれません。

また、図2.2.11の保育園定員数の表現と見比べてみると、世田谷区は単純な定員数だけなら比較的多いけれど、人口も多いために割合が低くなっているのが理解できます。

図2.2.13:東京23区別の人口に対する保育園定員数の割合

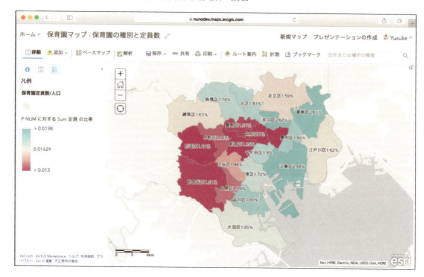

作成したマップを共有する

作成した成果物はTwitterやFacebookでシェアしたり、WebサイトにHTMLとして貼り付けたり、共有URLを配布したりとお好みの方法で共有することができます（図2.2.14）。

図2.2.14:マップの共有

本節で作成した地図

本節で作成した地図は次のURLから見ることができます。

- 保育園の種別と定員数　㋐https://arcg.is/0G4Wz4
- 東京23区人口に対する保育園定員数の割合　㋐https://arcg.is/0PruW4

chapter 2　地図

2-3

QGIS

──東京都の犯罪件数をヒートマップや 立体棒グラフの3D表現で

デスクトップオープンソースGISの代表格「QGIS」を使って、犯罪件数を「丸の大きさ」や「ヒートマップ」や「立体的な3D棒グラフ」で表現してみます。QGISはここでは紹介しきれないほど多彩な表現方法が用意されています。その第一歩として本稿で始めてください！

2-3 QGIS──東京都の犯罪件数をヒートマップや立体棒グラフの3D表現で

Input 東京都オープンデータカタログサイトの「町丁字別犯罪情報（年間の数値）」

[左] 東京都オープンデータカタログサイト
　①http://opendata-portal.metro.tokyo.jp/www/

[右] 同サイトから「町丁字別犯罪情報（年間の数値）」で検索して見つけることができる。
　　町丁（ちょうちょう）は日本の市区町村下における区画。

Tool QGIS（オープンソースの地理情報システム）

オープンソースのデスクトップGIS。世界中の開発者や賛同するスポンサーに支えられて開発が進められており、商用システムに負けない多機能なシステムになっている。基本的な機能を提供するQGIS本体にプラグインできる多彩な機能が公開されているので、必要に応じてプラグイン機能を探して追加する、もしくは自分で開発して追加することが可能。

Output 東京都の犯罪発生状況

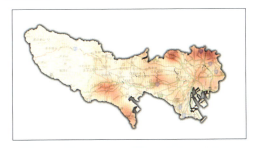

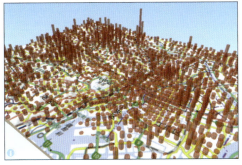

[左] 東京都の「非侵入窃盗_自転車盗」の件数をヒートマップ化したもの
[右] 同じデータを3D化した地図上で立体の棒グラフで表現したもの

QGISをインストールする

QGISは「Windows」「macOS」「Linux」「BSD」のマルチプラットフォームで提供されています。職場や学校の方針でPC環境が変わっても、引き続き同じ機能を利用できます。

本節では、2018年12月時点でロングタームリリース対象となっているバージョン「3.4」のWindows版を利用します。

QGISのWebサイト（①https://www.qgis.org/）から［ダウンロードする］➡［Windows版のダウンロード］から「QGISスタンドアロンインストーラ version3.4」の「64bit」もしくは「32bit」を、環境に合わせてダウンロードしてください（図2.3.1）。あとはインストーラに従ってインストールを進めます。

図2.3.1：QGISをダウンロードする

データを準備する（「町丁字別犯罪情報（年間の数値）」のダウンロード）

東京都オープンデータカタログサイト（①http://opendata-portal.metro.tokyo.jp/www/）で「町丁字別犯罪情報（年間の数値）」で検索して見つけることができます。「町丁字別犯罪情報 平成28年分（累計値）」の［取得］にマウスオーバーして［データをダウンロード］をクリックします（図2.3.2）。データはCSV形式なのでExcelなどで確認でき、町丁字に対して犯罪種別ごとの件数が入っています（図2.3.3）。

紙面版 電脳会議 一切無料
DENNOUKAIGI

今が旬の情報を満載して お送りします!

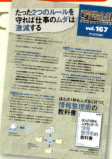

『電脳会議』は、年6回の不定期刊行情報誌です。A4判・16頁オールカラーで、弊社発行の新刊・近刊書籍・雑誌を紹介しています。この『電脳会議』の特徴は、単なる本の紹介だけでなく、著者と編集者が協力し、その本の重点や狙いをわかりやすく説明していることです。現在200号に迫っている、出版界で評判の情報誌です。

毎号、厳選ブックガイドもついてくる!!

『電脳会議』とは別に、1テーマごとにセレクトした優良図書を紹介するブックカタログ(A4判・4頁オールカラー)が2点同封されます。

電子書籍を読んでみよう!

| 技術評論社　GDP | 検　索 |

と検索するか、以下のURLを入力してください。

https://gihyo.jp/dp

1 アカウントを登録後、ログインします。
【外部サービス(Google、Facebook、Yahoo!JAPAN)でもログイン可能】

2 ラインナップは入門書から専門書、趣味書まで1,000点以上!

3 購入したい書籍を 🛒(カート) に入れます。

4 お支払いは「**PayPal**」「**YAHOO!ウォレット**」にて決済します。

5 さあ、電子書籍の読書スタートです!

- **●ご利用上のご注意**　当サイトで販売されている電子書籍のご利用にあたっては、以下の点にご留意く〜
- **■インターネット接続環境**　電子書籍のダウンロードについては、ブロードバンド環境を推奨いたします。
- **■閲覧環境**　PDF版については、Adobe ReaderなどのPDFリーダーソフト、EPUB版については、EPUBリ〜
- **■電子書籍の複製**　当サイトで販売されている電子書籍は、購入した個人のご利用を目的としてのみ、閲覧、他
ご覧いただく人数分をご購入いただきます。
- **■改ざん・複製・共有の禁止**　電子書籍の著作権はコンテンツの著作権者にありますので、許可を得ない改〜

Software Design WEB+DB PRESS も電子版で読める

電子版定期購読が便利!

くわしくは、
「Gihyo Digital Publishing」
のトップページをご覧ください。

電子書籍をプレゼントしよう! 🎁

Gihyo Digital Publishing でお買い求めいただける特定の商品と引き替えが可能な、ギフトコードをご購入いただけるようになりました。おすすめの電子書籍や電子雑誌を贈ってみませんか?

こんなシーンで…　　●ご入学のお祝いに　●新社会人への贈り物に　……

●**ギフトコードとは?**　Gihyo Digital Publishing で販売している商品と引き替えできるクーポンコードです。コードと商品は一対一で結びつけられています。

くわしいご利用方法は、「Gihyo Digital Publishing」をご覧ください。

ソフトのインストールが必要となります。
印刷を行うことができます。法人・学校での一括購入においても、利用者1人につき1アカウントが必要となり、

他人への譲渡、共有はすべて著作権法および規約違反です。

電脳会議
紙面版

新規送付の
お申し込みは…

ウェブ検索またはブラウザへのアドレス入力の
どちらかをご利用ください。
Google や Yahoo! のウェブサイトにある検索ボックスで、

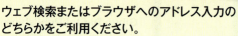

と検索してください。
または、Internet Explorer などのブラウザで、

https://gihyo.jp/site/inquiry/dennou

と入力してください。

「電脳会議」紙面版の送付は送料含め費用は
一切無料です。
そのため、購読者と電脳会議事務局との間
には、権利＆義務関係は一切生じませんので、
予めご了承ください。

技術評論社　電脳会議事務局
〒162-0846　東京都新宿区市谷左内町21-13

図2.3.2：町丁字別犯罪情報（年間の数値）をダウンロードする

図2.3.3：町丁字別犯罪情報（年間の数値）データ（イメージ）

データを準備する（経度・緯度を追加する／ジオコーディング）

　ダウンロードしたデータには位置を表す情報として、住所（町丁字名）が入っています。GISでデータを表示するためには、緯度・経度（もしくは投影地図上での座標）が必要です。

　住所といった位置を表す文字列に対して、緯度・経度の座標を付与する処理を「ジオコーディング」と言います。住所からジオコーディングしてくれるサービスとして、東京大学空間情報科学研究センターが提供する「CSVアドレスマッチングサービス」があります。Geocoding Tools & Utilities（図2.3.4）から［アドレスマッチングサービス］ ⇒ ［今すぐサービスを利用する］を選択して利用します。［住所を含むカラム番号］を指定してCSVファイルをアップロードすると、マッチングされた住所、経度、緯度、住所のどこまでを使って処理したかのカラムが追加されたデータ（図2.3.5）をダウンロードできます。

図2.3.4:Geocoding Tools & Utilities (ⓒhttp://newspat.csis.u-tokyo.ac.jp/geocode/)

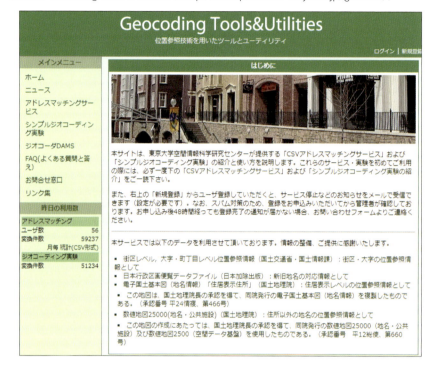

図2.3.5:緯度・経度が追加されたデータ

QGISを起動する／背景地図データを表示する

　QGISを初めて起動すると、キャンバス上が真っ白なため、どうすればよいのか戸惑ってしまうかもしれません。位置情報を扱うためのシステムなので、地図が表示されていてほしいところですが、背景に使うデータも自分で用意する必要があります。このような場合は、国土地理院の「地理院タイル一覧」（①https://maps.gsi.go.jp/development/ichiran.html）を使うのが早くて便利です。日本の範囲内になりますが、背景として使える地図画像が用意されています。

　QGISの［ブラウザ］パネル ➡ ［XYZ Tile］を右クリック ➡ ［新しい接続］と表示されるので、続いてブラウザパネル上に表示する際の名称（ここでは「地理院地図」）と地理院標準タイルのURL[注1]を入力します。そして、［ブラウザパネル］に追加した「地理院地図タイル」をダブルクリックすると、キャンバス上に背景地図が表示されます。

図2.3.6：地理院タイルを追加する

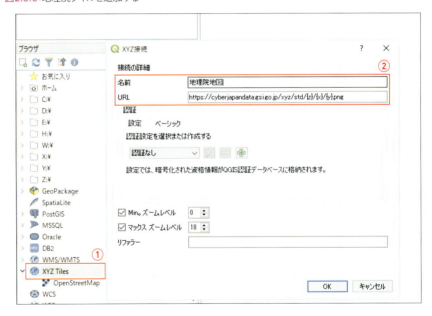

注1
QGISに指定するタイルURLは、国土地理院の「地理院タイル一覧」のサイトから［1．基本測量成果］ ➡ ［タイル一覧］ ➡ ［標準地図］をクリックして表示される値をコピー＆ペーストして利用するとよいでしょう。

QGISに「町丁字別犯罪情報(年間の数値)」データを取り込む

CSVファイルの取り込みは、メニューの[レイヤ] ➡ [レイヤの追加] ➡ [デリミティッドテキストレイヤの追加]から行います。緯度・経度追加済みのCSVファイルを選択して、[ジオメトリ定義]を[ポイント座標]に、[Xフィールド][Yフィールド]をそれぞれ追加された緯度・経度のカラムである[fX][fY]に指定して読み込みます。

正しく読み込まれると地図上にポイントが表示されます(図2.3.7)。ただし、すべて同じサイズの円で表示されています。

図2.3.7:犯罪情報の表示(同じサイズの円で表示されている)

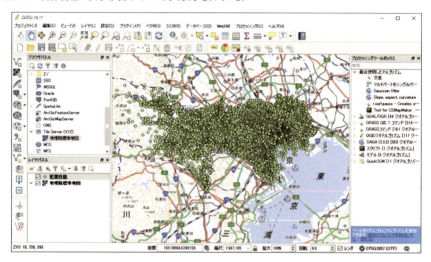

犯罪件数をポイントの大きさで表現する

件数の違いがわかりやすいように、属性（件数）を利用して円の大きさを変更しましょう（図2.3.8）。使用する属性は「非侵入窃盗_自転車盗」としました。読み込んだデータの表現を変更する場合は、［レイヤパネル］➡レイヤ名［犯罪件数］を右クリック➡［プロパティ］で［シンボロジー］タブを選択します。

図2.3.8：犯罪件数でポイントの大きさを変える

ヒートマップで表現する

位置に関する分布傾向の見方として、「ヒートマップ」で表現する方法があります。もし読み込んだデータが犯罪発生ポイントのデータだとすると、ポイントの位置をそのまま利用して、各点の重みを等しくしてヒートマップを作成することになります。ただし、今回のデータは、町丁字の代表点に対して犯罪件数が入っているデータなので、属性（件数）を重みとしてヒートマップ化したほうがよいでしょう（図2.3.9）。

なお、データのある範囲からはみ出してヒートマップが表示されてしまう場合は、データ範囲に対応したポリゴンがあればマスクをしてしまって、範囲外を隠したほうがよいでしょう。東京都の範囲を表す行政区域ポリゴンをQGISに取り込んで、［反転したポリゴン］スタイルを付けて、東京都以外をマスクできます（図2.3.10）。

図2.3.9：件数を重み付けしてヒートマップ化する

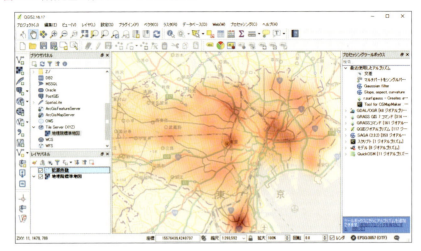

図2.3.10：形状バースト塗りつぶしでの範囲強調

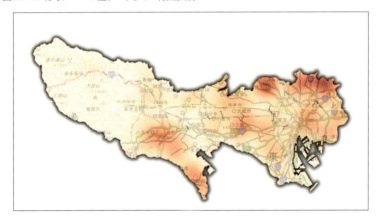

3D化する

QGIS 3では、標準機能で「3Dマップビュー」が可能です。ただし、地形のデータ（高さデータ）を自分で用意する必要があります。

日本の範囲内の3D化の場合、国土地理院の標高地データを読み込んだうえで3D化してくれる便利なプラグインを使用したほうがよいでしょう。メニューの［プラグイン］→［プラグインの管理とインストール］から「qgis2threejsプラグイン」をインストールすると、three.js（①https://threejs.org/）を利用した3D化の機能を利用できるようになります（図2.3.11）。

地形の起伏と重ねることで意味のあるデータに対しては、有効な表現方法です。

図2.3.11：地形との重ね合わせ例

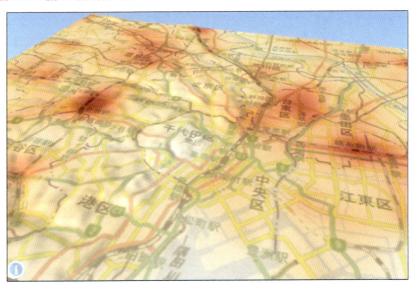

立体的な棒グラフを組み合わせた3Dを表示する

qgis2threejsプラグインの機能として、属性値を高さにすると図形を立体化できます。ポイントデータの場合は、描画時のオブジェクトタイプとして[Cylinder]を指定できます。この機能を利用して、図2.3.12のように件数を立体的なグラフとして表現することもできます。

図2.3.12:3D化した棒グラフ例

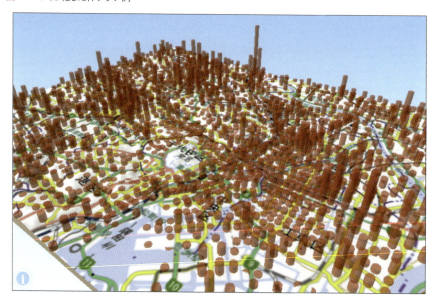

参考文献

- 『【改訂新版】[オープンデータ＋QGIS] 統計・防災・環境情報がひと目でわかる地図の作り方』、朝日孝輔／大友翔一／水谷貴行／山手規裕 著、技術評論社（2018）
- 『業務で使う林業QGIS 徹底使いこなしガイド』、喜多耕一 著、全国林業改良普及協会（2017）

chapter 3
インフォグラフィック

伝えたいのは「データ」ではなく「ストーリー」！

「データビジュアライゼーション」や「インフォグラフィック」や「ピクトグラム」など、正直カタカナばかりで頭が痛くなりそうですが、本章で紹介するツールを実際に手を動かしながら操作すると、多少は体で習得できるかもしれません。

E2D3

➡P.102

Infogram

➡P.112

chapter 3 インフォグラフィック

インフォグラフィックとは？

本章では、「E2D3」と「Infogram」を使ってインフォグラフィックを作成します。ここでは、インフォグラフィックに関する言葉の使い方を整理しておきます。

「インフォグラフィック（Infographic）」とは、広義には「データビジュアライゼーション（Data visualization）」と同様に「データを視覚的に表現すること」という全般を指します。たとえば『Storytelling with Data：A Data Visualization Guide for Business Professionals』（Cole Nussbaumer Knaflic、Wiley、2015年）では、「インフォグラフィックとは、単に情報やデータを視覚的に表現したものである（An infographic is simply a graphical representation of information or data.）」と広く定義しています。

この定義に従えば、シンプルな棒グラフや折れ線グラフもインフォグラフィックに含まれることになります。ただし一般的には、単純なグラフはインフォグラフィックに含めず、「グラフやイラスト、テキストなどを組み合わせ、主に紙面上で特定のメッセージを伝える視覚表現」といった意味で使われます。

たとえば、図3.0.1は、英国の空母クイーン・エリザベスとバッキンガム宮殿の大きさ、部屋の数、スタッフ数など、いくつかの面から比較しています。このように、ある特定のテーマに沿って、複数のグラフやイラストなどを組み合わせてわかりやすく視覚化したものが典型的なインフォグラフィックです。

図3.0.1：典型的なインフォグラフィックの例

Photo：Mark Eagle/MOD [OGL v1.0]

データビジュアライゼーションとの違い

データビジュアライゼーションとインフォグラフィックはしばしば同じ意味で用いられます。両者の違いに関して明確な定義は存在しませんが、大きな違いを1つ挙げるとすれば、データビジュアライゼーションが主にWebサイトやソフトウェア上で制作されるのに対し、インフォグラフィックは従来から新聞や雑誌などの紙面（誌面）上で表現されてきました。

インフォグラフィックではクリックやタップといったユーザの操作によって付加情報を表

示することができないため、通常は主題となるメッセージに沿って情報が絞り込まれます。

データビジュアライゼーションがデータ主体の視覚化であるのに対し、インフォグラフィックはストーリー主体の視覚化であると言えます。ほか、『デザイニング・データビジュアライゼーション』（Noah Iliinsky＆Julie Steele、オライリー・ジャパン、2012年）などを参考にデータビジュアライゼーションとインフォグラフィックの違いを並べると、表3.0.1のようになります。本書でも「インフォグラフィック」は右側の意味で使います。

表3.0.1：データビジュアライゼーションとインフォグラフィックの違い

項目	データビジュアライゼーション	インフォグラフィック
掲載場所	ソフトウェアやWebサイト	新聞や雑誌などの紙面
インタラクション	クリックやタップなどのインタラクションがある	主に紙で表現されるためインタラクションはない
データの量	元のデータを可能なかぎり再現する	データは人の手で最小限に絞る
作業の配分	エンジニアリング作業が多い	デザイン作業が多い
主体	データ	ストーリー

インフォグラフィックの意義

データビジュアライゼーションが複雑なデータを、ユーザ自身が探索／体験／理解することに優れている一方で、インフォグラフィックは複数の図表やイラストを組み合わせて、説得力ある形で1つのストーリーを語るのに適しています。

両者を使い分ける場合、伝えたいのが「データ」なのか「メッセージ」なのかによって変わってきます。たとえばプレゼンテーションやポスター発表などで、データではなく、特定のメッセージを伝えたい場合、インフォグラフィック的な視覚化を意識するのがよいでしょう。

ピクトグラムとは？

インフォグラフィックが複数の図表やイラストを組み合わせる際、頻繁に使われるのが「ピクトグラム（Pictogram）」です。

ピクトグラムとは、特定の情報をシンプルな記号や絵文字によって表現したものです。身近なピクトグラムの代表例は、非常口のマークや男女別のトイレのサイン（図3.0.2）などでしょう。情報をシンプルな記号で表現することにより、遠くからでも素早く認知できたり、言葉のわからない場所でも直感的に内容を理解できます。

図3.0.2：ピクトグラムの例

Photo：Prozentzwanzig
[CC BY-SA 3.0]

chapter 3　インフォグラフィック

3-1

E2D3

——ユニークなテンプレート満載の
　　発展系Excelアドイン

Excelのアドインとして利用する「E2D3」は、Excelシート上のデータから簡単にインフォグラフィックを作成することができます。
本節で紹介するテンプレート以外にもユニークなものがたくさんありますが、必要なら自分で作成することも可能です。

©Shutterstock/Sergey Maksienko

3-1 E2D3——ユニークなテンプレート満載の発展系Excelアドイン

Input 100m走の記録表 (Excel)

	A	B
1	名前	記録(100m)
2	あなた	16
3	子供	17
4	ボルト	9.58
5	チーター	3
6	台風	4
7	車	7.2
8	馬	7.5

ExcelにE2D3のテンプレート「みんなで徒競走」を追加すると自動的に挿入される表。「あなた」の記録を修正して利用する。

Tool ExcelとE2D3
（「みんなで徒競走」テンプレート）

「E2D3 (Excel to D3.js)」はExcelの拡張機能（アドイン）アプリケーション。E2D3をインストールできるのは、拡張機能を追加できる「Officeアドインストア」対応バージョンで、WindowsではExcel2013以降、macOSではExcel2016以降で、Excel onlineにも対応。E2D3はテンプレートを選択して表データを差し込むだけで、オリジナルのデータビジュアライゼーションを作成できる。

Output 100m走のアニメーション

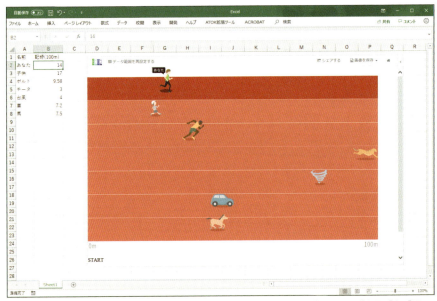

「あなた」の記録を「小学生（平均）」「ウサイン・ボルト選手（世界記録）」「チーター」「台風」「車」「馬」の速さとアニメーションで比較できる。

E2D3をセットアップする

Excelを起動したら、メニューの[挿入]➡[アドインを入手](または[ストア])(図3.1.1)をクリックして[Officeアドイン]➡[ストア]を開き、「E2D3」で検索します(図3.1.2)。検索された「E2D3」の右端にある[追加]ボタン(図3.1.3)をクリックするとE2D3が起動します。

なお、一度追加したE2D3を再度起動するときは、[Officeアドイン]➡[個人用アドイン]から選択できます。

図3.1.1:[挿入]➡[アドインを入手](または[ストア])

図3.1.2:[Officeアドイン]➡[ストア]

図3.1.3:「E2D3」で検索して[追加]をクリックする

「みんなで徒競走」をExcelシート上に挿入する

E2D3を起動すると図3.1.4が表示されます。ひな形となる約100種類のテンプレートが収録されています。ここでは「みんなで徒競走」というテンプレートを使用します。[Recommended]➡[e2d3/e2d3-contrib/animal-olympic-2]をマウスオーバーして表示される図3.1.5の[可視化する]をクリックするとExcelシートにサンプルデータとともに表示されます（図3.1.6）。

なお、自動的に挿入されたサンプルデータを修正できます。「あなた」の記録を自身の記録を入力してもよいですし、または陸上男子100mの日本記録など、他人の記録にしてもよいでしょう。

図3.1.4:E2D3のメインメニュー

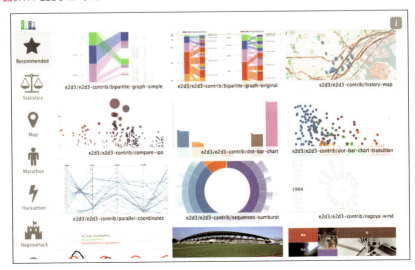

図3.1.5:「みんなで徒競走」テンプレート

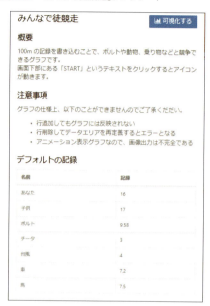

図3.1.6:「みんなで徒競走」はExcelシートに挿入される

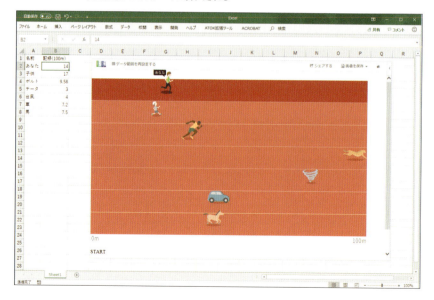

作成したものを出力する

E2D3には、PNGやSVGだけでなく、動画をシェアする仕組みが実装されています（ただしテンプレートによっては対応していないものがあります）。また、ブログなどに組み込めるiframeタグを組み込んだ形式も可能です。PNGやSVGで出力する場合は［画像を保存］をクリックして保存形式を選択します（図3.1.7）。動画として出力する場合は［シェアする］をクリックして表示される図3.1.8の［Share URL］または［For blog］からスニペットをコピーしてください。

図3.1.7:［画像を保存］で保存形式を選択する

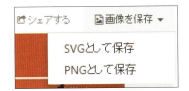

図3.1.8:［シェアする］で表示されるスニペット

入力するデータにご注意ください

E2D3では、シートに入力したデータはE2D3サーバにアップロードされます。また、［シェアする］や［画像を保存］を押した場合、アップロードされたデータと作成したものに公開用URLが付与され一般公開状態になります。ですので、E2D3に使用するデータは他者に知られてもよいものにし、秘匿しなければならないデータは使わないようにしてください。

作成したものをPowerPointに挿入する

E2D3でコピーしたスニペットはMicrosoft PowerPointに挿入できます。PowerPointのメニュー［挿入］➡［アドインを入手］（または［ストア］）で「ビューアー」を検索して［追加］します（図3.1.9）。［Webページを挿入］（図3.1.10）にE2D3で出力した［Share URL］のスニペットの「https://」以降の文字列を入力して［プレビュー］をクリックすると、E2D3で作成したものが表示されます。

図3.1.9：PowerPointにWebページを挿入する「ビューアー」アドイン

図3.1.10：PowerPointの［Webページを挿入］ウィンドウ

E2D3のテンプレート

E2D3のソースコードはオープンソースソフトウェア（OSS）として公開されているので、JavaScriptの知識があれば、独自のテンプレート開発や、すでに収録されているテンプレートの改良で、新しいE2D3のテンプレートとして収録することもできます。

E2D3には本稿執筆時点（2019年3月）で、約100種類のテンプレートが収録されています。統計分析に利用できる各種グラフや地図上へのデータ表示、ピクトグラムを使ったものなど多様なテンプレートがあります。

これらの多くは、ハッカソンなどを通

じて、コントリビューター（貢献者）と呼ばれるユーザが作成したものです。このため、BI（ビジネスインテリジェンス）ツールや他のデータビジュアライゼーションツールとは、一線を画したユニークなものが多いのが特徴です。特に、データを"楽しむ""体感する"という観点で工夫されたテンプレートが多いので、データの可視化を楽しむだけでなく、新たな表現方法のアイデアの参考にもなります。

Under the sea（図3.1.11）

エビ、タイ、マグロの漁獲量を漁法の種類ごとに表します。Y軸が漁獲量で、右側の「ebi」「tai」「tuna」のラベルをクリックすると選択した魚種のデータに切り替わります。たとえば、タイは「小型底びき網」という漁法の水揚げがもっとも多いことがわかります。海底を描いた背景にエビやタイがふわふわと動くアニメーションが楽しいテンプレートです。

図3.1.11：Under the sea

Word cloud(図3.1.12)

項目に対する数値データを、項目名の大きさで表現するテンプレートです。日本語にも対応しています。

図3.1.12:Word cloud

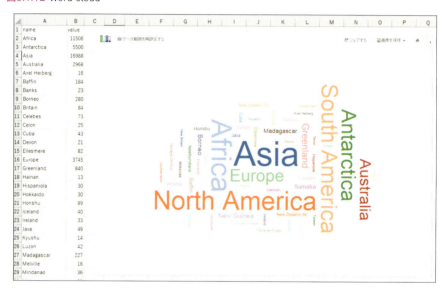

History Map Chart（図3.1.13）

その地点の過去の写真と現在の写真を見比べることができるテンプレートです。

地図上にプロットされたマーカーをクリックし、カメラのボタンをクリックすると、該当する場所の過去の写真と現在の写真を表示します。

図3.1.13:History Map Chart

 E2D3

E2D3は「市民が継続的持続的にデータ可視化表現を行う」ことを謳っていて、収録されたテンプレートを使うことで触発された方が、新しい別のテンプレートを創造していくという可視化表現の循環を生み出しており、各所から高い評価を受けています。

E2D3で困ったことなどあれば、公式WebサイトやSNSからお問い合わせください。

E2D3公式サイト　https://e2d3.org/　　Twitterアカウント　@e2d3org
Facebook　https://www.facebook.com/e2d3project/

chapter 3　インフォグラフィック

3-2

Infogram
──ピクトグラム（絵文字）で親しみやすいグラフに大変身

観光庁「訪日外国人消費動向調査」から訪日外国人数を集計し、
ピクトグラム（絵文字）を使って国別の割合を表示します。
利用する「Infogram」はブラウザ上で利用できるツールです。
データをわかりやすく伝える選択肢が広がります。

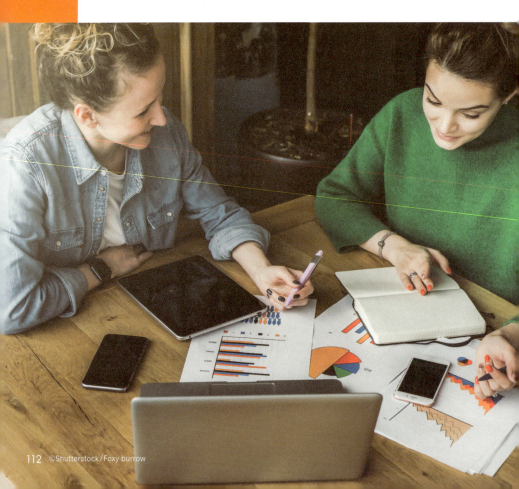

©Shutterstock/Foxy burrow

3-2 Infogram──ピクトグラム（絵文字）で親しみやすいグラフに大変身

Input 韓国／中国／台湾／米国／香港／その他からの訪日客数（2014年〜2017年）

韓国	15,955
中国	6,216
台湾	4,305
米国	2,993
香港	1,146
その他	9,598

[左] 観光庁「統計情報・白書」の「訪日外国人消費動向調査」
①http://www.mlit.go.jp/kankocho/siryou/toukei/syouhityousa.html

[右] 複数年の集計結果（Excelファイル）から抜き出して1つにまとめたもの

Tool Infogram

ブラウザ上で手軽にレポートやインフォグラフィックを作成できるツール。2012年にラトビアで創業されたInfogram社が開発している。利用するには会員登録が必要で、プランには「Basic（無料）」「Pro（$25）」「Business（$79）」「Team（$179）」（金額は月単位での課金額）がある（本節ではBasicプランで可能な範囲で説明）。

Output 訪日客数に対する居住国別の割合（2014年〜2017年）

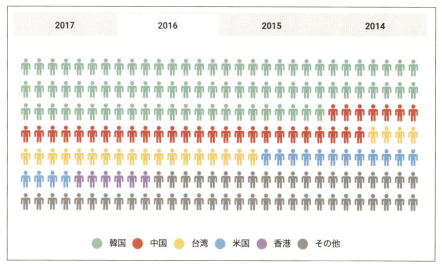

訪日客数の割合を人型アイコンの色で表現したもの。上部のタブ（2017年〜2014年）を切り替えて比較でき、マウスオーバーすると実数値も確認できる。

chapter 3　インフォグラフィック

〉データを準備する（4年分のExcelファイルをダウンロードする）

　観光庁「統計情報・白書」の「訪日外国人消費動向調査[注1]」から2014年～2017年の4年間のファイルをダウンロードします。

　まずは2017年分からです。「訪日外国人消費動向調査」のWebページには項目が多いので、「2017年年間値の推計」で検索して図3.2.1の項目に移動し、「集計結果」（Excelファイル）をダウンロードします。同様に、2014年～2016年分もそれぞれダウンロードしてください。

図3.2.1:「2017年年間値の推計」※確報値

注1
①http://www.mlit.go.jp/kankocho/siryou/toukei/syouhityousa.html

〉データを準備する（利用するデータを抜き出してまとめる）

　ダウンロードした「集計結果」（Excelファイル）の「第1表」にある「居住地（単一回答）」（図3.2.2）を利用します。ここでは、回答数の多い韓国／中国／台湾／米国／香港を抜き出し、それ以外の国は「その他」として整理します（図3.2.3）。

　この作業を2014年～2017年分を繰り返して、1つの表にまとめたのが図3.2.4です。

図3.2.2:「第1表」の「居住地(単一回答)」
（2017年分）

	A	B	C	D	E	F
44			那覇空港		2,498	6.7
45		居住地	韓国		15,955	24.9
46		(単一回答)	台湾		4,305	15.8
47			香港		1,146	7.9
48			中国		6,216	25.6
49				北京市	1,120	4.6
50				上海市	1,504	6.2
51				重慶市	36	0.2
52				天津市	155	0.6
53				広東省	529	2.2
54				山東省	283	1.2
55				遼寧省	455	1.9
56				浙江省	462	1.9
57				江蘇省	530	2.2
58				四川省	195	0.8
59				河南省	73	0.3
60				湖北省	82	0.3
61				福建省	72	0.3
62				黒竜江省	45	0.2
63				陝西省	87	0.4
64				その他	563	2.3
65			タイ		864	3.5
66			シンガポール		473	1.6
67			マレーシア		961	1.5
68			インドネシア		629	1.2
69			フィリピン		727	1.4
70			ベトナム		234	1.1
71			インド		683	0.5
72			英国		639	1.1
73			ドイツ		472	0.7
74			フランス		516	0.9
75			イタリア		718	0.4
76			スペイン		330	0.3
77			ロシア		501	0.3
78			米国		2,993	4.9
79			カナダ		630	1.1
80			オーストラリア		752	1.7
81			その他		469	3.5

図3.2.3:「回答数の多い国を抜き出して整理した結果」
（2017年分）

韓国	15,955
中国	6,216
台湾	4,305
米国	2,993
香港	1,146
その他	9,598

図3.2.4:「韓国／中国／台湾／米国／香港／その他
からの訪日客数(2014年～2017年)」

	2014	2015	2016	2017
韓国	6,053	15,723	15,829	15,955
中国	6,945	6,181	6,203	6,216
台湾	4,190	4,224	4,283	4,305
米国	1,538	2,945	2,979	2,993
香港	1,425	1,104	1,085	1,146
その他	7,529	9,583	9,577	9,598

〉Infogramにログインしてプロジェクトを新規作成する 〉

InfogramのWebサイト（①https://infogram.com/）にアクセスし、[Get Started]からアカウントを作成します。アカウントを作成してログインすると、プロジェクトの作成・管理ページ（図3.2.5）が表示されるので、テンプレートから選択します。

ここでは、空のテンプレートを選択します。右端の［More］ ➡ ［Blank template］を選択し（図3.2.6）、プロジェクトの名前を入力すると作成されます。

図3.2.5:プロジェクト作成・管理ページ

図3.2.6:テンプレート選択ページ

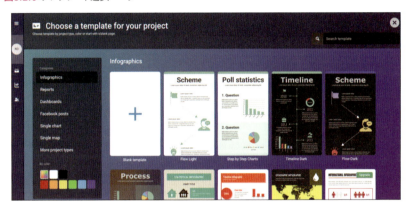

図表を追加する

　Infogramは、PowerPointでの操作と同様に、ドキュメント上に図表やテキストなどを配置して作成します。左側メニューの[Add chart]（棒グラフアイコン）をクリックすると作成できる一覧が表示されます（一部はプランのアップグレードが必要です）。

　ここでは[Pictorial]を選択して[Insert]をクリックします（図3.2.7）。[Insert]するとサンプルデータがセットされた状態で表示されます。

図3.2.7：[Pictorial]を選択して[Insert]をクリックする

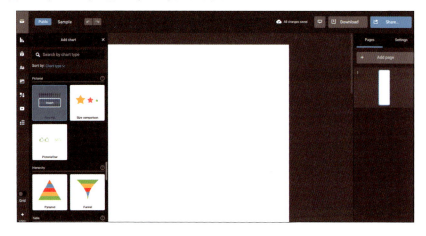

データを編集する

　データを編集するときは右側のメニュー[Edit data]をクリックします。図3.2.8のようにサンプルデータが入力されたスプレッドシートが表示されるので、サンプルの形式に合わせて先ほど作成したデータをコピー＆ペーストしてください（図3.2.9）。

　データの編集は、直接入力、コピー＆ペースト、外部ファイルからのインポートなどに対応していますが、計算などの

図3.2.8：データを編集する

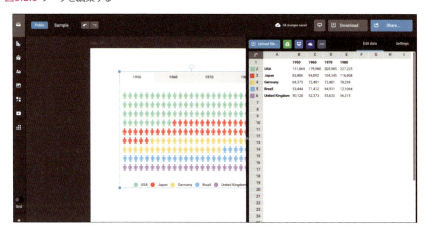

複雑な機能はないので、Excel側で必要な調整を行ってから貼り付けるのがよいでしょう。

図3.2.9:作成したデータを貼り付ける

	A	B	C	D	E
1	Population	2017	2016	2015	2014
2	韓国	15,955	15,829	15,723	6,053
3	中国	6,216	6,203	6,181	6,945
4	台湾	4,305	4,283	4,224	4,190
5	米国	2,993	2,979	2,945	1,538
6	香港	1,146	1,085	1,104	1,425
7	その他	9,598	9,577	9583	7529

見た目を調整する

色やアイコンの種類を変えることができます。右端の［Settings］をクリックすると設定メニューが表示されるので、必要に応じて変更してください。ここでは「その他」アイコンの色をグレーに変更しました（図3.2.10）。なお、［Edit data］で表示されるデータ入力欄からも各アイコンの色を変更できます。

Infogramには人型のアイコンほか、ピクトグラムを利用したバー（図3.2.11）やアイコンの大きさによる数値の比較（図3.2.12）などがあります。なお、有料プランに登録すると使えるアイコンや図表の種類が増えます。

図3.2.10:［Color］から色のアイコンをクリックしたところ

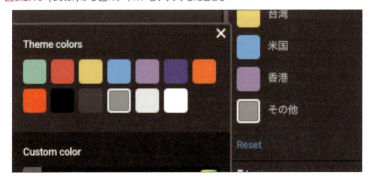

図3.2.11:Pictorial bar

図3.2.12:Size comparison

無料プランと有料プランの違い

　Infogramで作成されたプロジェクトにはURLが割り当てられ、誰でもアクセスすることが可能になるので注意してください。今回作成したプロジェクトは① https://infogram.com/--1hxj48n5mked4vg から見ることができます。

　なお、有料プランであれば、URLを非公開としたり、画像（JPG/PNG/GIF）や文書（PDF）ファイルでダウンロードすることができるようになります（図3.2.13）。

図3.2.13:Infogramの料金プラン一覧

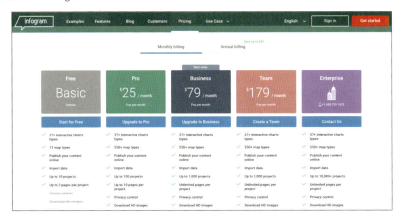

chapter 4
ネットワーク

> つながりや関係性は文字だけでは伝わらない

この世の中のものは、有形無形も含めて、いろいろなものが複雑につながっています。その関係性を表すのがネットワーク構造です。本章では、「ノーベル賞を受賞した論文の引用関係」と「マウスの脳内神経」のネットワーク構造を可視化してみます。

Cytoscape

➡ P.130

Gephi

➡ P.150

chapter 4 ネットワーク

ネットワークとは？

「ネットワーク」は複数の事象の関係性を表す構造を意味し、数学では「グラフ」とも呼ばれ、さまざまな分野で研究されています。

現実世界でも、あらゆるところにネットワーク構造は現れます。たとえば、列車の路線図、高速道路の地図、ソーシャルネットワークサービスでのアカウントのつながり、インターネット、さらにはフィクションの中の登場人物の関係図などです（表4.0.1）。

表4.0.1：現実世界に現れるネットワーク構造の例

タイプ	ノード	エッジ
ソーシャルネットワーク	人物	人物の関係性
インターネット	PC／サーバ／携帯電話／IoTデバイスなど	物理的な接続
細胞内のネットワーク	遺伝子・タンパク質	タンパク質間の物理的な相互作用、遺伝的シグナルの流れなど
鉄道路線図	駅	線路
航空機のネットワーク	空港	空港間を結ぶ路線
ナレッジ・グラフ／Wikipediaなどの用語のつながり	概念	概念同士の意味的なつながり
商品の購買	商品	2つの商品が同時に買われているという事実

ネットワーク構造は文章や写真では把握しづらい

たとえば、インターネットはスマートフォンのような各種端末を終点として、基地局、サーバ、ルータなどの機器が複雑に絡み合った構造をしていますが、これらをそのまま目で見ることは困難です。

一般的にネットワーク構造は図4.0.1のような表形式で保存してある場合が多く、人間がそのまま解釈するのは困難です。しかし、広く使われているネットワーク可視化ツールを利用すれば、瞬時に人間が理解しやすい図に変換できます（図4.0.2）。

ネットワーク構造を可視化する意義は大きい

ネットワークには、その接続状況に加え、各ノード／エッジ（後述）に関する情報（プロパティ）が付随します。たとえば、ノードの持つ名前、ノードの属するカテゴリ、2つのノードを結ぶ関

図4.0.1：ネットワークデータの例

1	881	858
2	828	697
3	884	864
4	856	869
5	889	856
6	872	873
7	719	713
8	861	863
9	840	803
10	864	856
11	719	840
12	745	805
13	865	857
14	874	873
15	708	823
16	872	885

図4.0.2:図1のデータをCytoscapeを用いて可視化した例

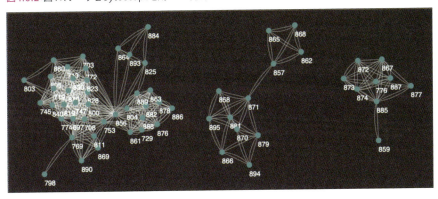

係性の強さ、ネットワーク構造（トポロジー）に基づき計算された中心性[注1]などです。

　これらの情報をネットワーク構造に重ねて表示させることも一般的で、それによって新たな知見が得られることもしばしば発生します。単純な例だと、次数（ノードに接続されているエッジの数）が高いノードを大きく表示したり、各ノードに与えられた数値プロパティに基づいてノードを色付けして、ヒートマップとして表現するといったことです。

　さらに、そういった複数のプロパティや関連した複数のネットワークをまとめて表示させ

図4.0.3:ネットワーク図を中心とするダッシュボードの例

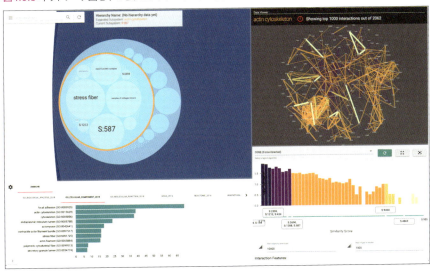

注1
①https://ja.wikipedia.org/wiki/ネットワーク理論#ノードの中心性

chapter 4　ネットワーク

ることにより得られる知見もあり、複数のビューを組み合わせてダッシュボードを作成することも一般的です（図4.0.3）。

言葉の定義

ネットワーク（グラフ）を構成する要素は2つあります。1つは何らかの概念を表す「ノード」で、もう1つはノードを接続する「エッジ」です。エッジには方向性を持つものと持たないものが存在し、前者で構成されるものは有向グラフ、後者は無向グラフと呼ばれます。そして、ノードとエッジは属性情報（プロパティ）を持つことができます。プロパティは、ノードの名前や種類、エッジの重み（接続の強さ、グラフ上での重要度など）などを含みます。

接続状態による分類

ネットワークはその接続状態によりいくつかのタイプに分類できます。

- **木**（図4.0.4）

必ず1つの根（ルート）となるノードを持ち、ルートノードを除く各ノードが常に1つの親を持つ構造です。

- **Directed Acyclic Graph（DAG）**（図4.0.5）

木によく似ていますが、各ノードは複数の親を持つことができます。方向性を持つ辺の集合ですが、サイクル構造を持たないため、終端のノードからの経路は一方向のみです。

- **一般的なグラフ**（図4.0.6）

あらゆる形式の接続が許された形式のグラフです。木・DAGはこの構造の特殊な形式だと定義することが可能です。

図4.0.4:木

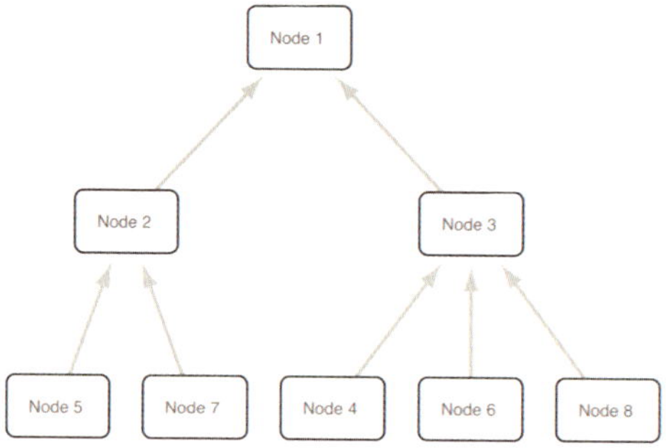

図4.0.5：DAG

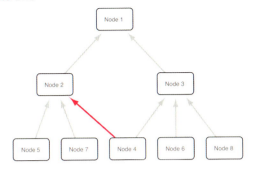

図4.0.6：一般的なグラフ

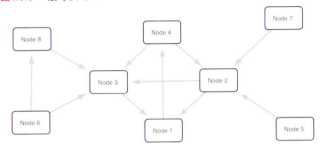

可視化の手法

　ネットワークデータを可視化する手法は、その構造が持つ特性に合わせていくつか存在します。

●**ノード・リンク図**（図4.0.7）
　もっとも一般的なネットワーク可視化手法。ノードを円などの図形で表し、それを線分として表現されたエッジで接続したものです。

●**マトリックス図**（図4.0.8）
　正方形上のマトリクスにノードのラベルを縦・横同じように配置し、交差する点の色を変えるなどしてエッジを表現します。すなわち、交差点が空白なら2つのノード間にエッジは存在せず、そうでなければ、何らかのエッジが存在します。通常は数値などを配置し、エッジの重みを表現しますが、単純にエッジありを「1」、なしを「0」で表現したものを「バイナリー・マトリックス」と呼びます。

chapter 4 ネットワーク

● **ツリーマップ**（図4.0.9）
　木構造を持ったもののみに利用できる可視化手法です。ノードにスコアを与えることにより、木のなかでそのノードが占める大きさを表現するのに便利な手法です。

● **サークル・パッキング**（図4.0.10）
　同じく木構造を持ったもののみに利用できる手法です。もっとも大きな円がルートノードを表し、その内部に子ノードが階層構造として表現されていきます。

図4.0.7:ノード・リンク図

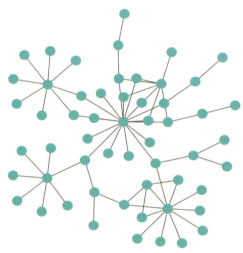

図4.0.8:マトリックス図

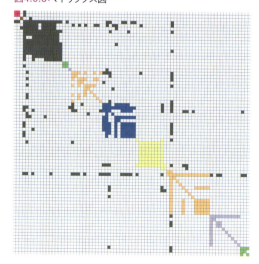

図4.0.9ツリーマップ

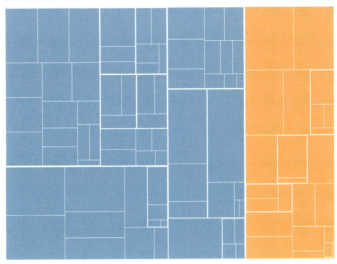

図4.0.10:サークル・パッキング

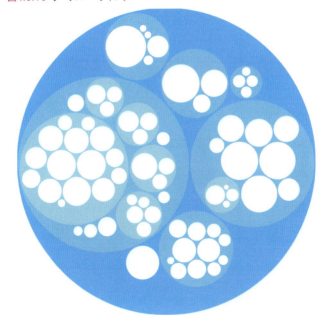

chapter 4 ネットワーク

手法の選択は最終的な目的に合わせる

　ネットワークを可視化する場合、データの大きさや接続形態により適切な手法を選択する必要があります。

　木のデータの場合は、表現方法が複数あるので、何を見たいかによって手法を選択します。たとえば、ツリー構造の全体の接続状態を見たい場合には、サークル・パッキング法はエッジが見られないので適切ではありません。しかし、全体の包含関係を見たい場合には非常に有効な手法となります。

　また、すべてのネットワークに対して使えるノード・リンク図ですが、適切な自動レイアウトを施さないといわゆる「ヘアボール問題」に直面します（図4.0.11）。接続が密なネットワークは、ノードリンク図において規模の拡大とともに急激に意味のない可視化となります。これを避けるためには、本当にネットワーク全体を描画する必要はあるのか、人間が理解できる大きさの部分構造は存在しないのか、などの点を考えながら可視化を行う必要があります。

　このように、最終的な目的に合わせて、適切な可視化手法、最適化されたレイアウト・アルゴリズム、見やすい色使いなどを組み合わせることにより、初めて意味のあるネットワーク図ができます。

図4.0.11：ヘアボール問題の例

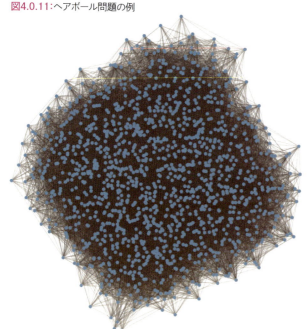

本章の内容

　本章では、複雑なネットワークデータを、広く使われているツールを2つ用いて、実際に可視化してみます。

　1つ目はCytoscapeを用いた例で、研究論文の引用関係のネットワークを可視化し、2つ目の例では、Gephiを用いて、脳内のニューロンの接続状況を可視化します。この2つの例では、どちらも複雑に接続されたネットワークの例を用いますので、ノード・リンク図を可視化の手法として使用します。

- Stanford large network dataset collection（ⓘhttp://snap.stanford.edu/data/ego-Facebook.html）

chapter 4　ネットワーク

4-1

Cytoscape
── ノーベル賞受賞者による論文の引用関係を
　　ネットワーク構造で可視化

本節では、科学論文の引用関係を可視化してみます。
オープンソースソフトウェアのネットワーク可視化ツール「Cytoscape」で、
ノーベル生理学・医学賞を受賞した山中伸弥教授の論文の引用関係を可視化します。

4-1 Cytoscape——ノーベル賞受賞者による論文の引用関係をネットワーク構造で可視化

Input 起点となる論文（山中論文）の引用関係にある論文リスト

[左] PubMed文献データベース
①https://www.ncbi.nlm.nih.gov/pubmed/

[右] Europe PMC（実際はこのAPIを通して取得する）
①http://europepmc.org/RestfulWebService/

論文ネットワーク探索の起点に使う論文

Takahashi K, Yamanaka S. Induction of pluripotent stem cells from mouse embryonic and adult fibroblast cultures by defined factors. Cell. 2006 Aug 25;126（4）：663-76. Epub 2006 Aug 10. PubMed PMID：16904174.

Tool Cytoscape v.3.7.1

Cytoscape（①https://cytoscape.org/）はネットワークを可視化・分析できるアプリケーション（無料）。筆者の所属するカリフォルニア大学を含めた複数の研究機関で15年以上にわたって開発が続けられている。
なお、データの前処理に「Anaconda 5.2」「JupyterLab 0.32.1」「Python 3.6.5」「NetworkX 2.1」を利用した。データは本書サポートページからダウンロードできる。

Output 山中論文と他の研究とのつながり

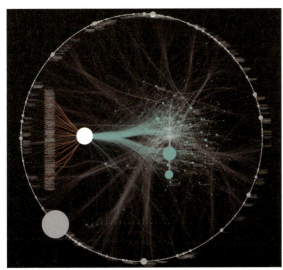

2012年度のノーベル生理学・医学賞受賞者である山中伸弥教授の受賞理由となった論文（円環内にある大きな円）がどのように他の研究とつながっているのかが可視化されている。各ノードの大きさが被引用数にマッピングされているため、後続の研究の中にも被引用数の大きな研究論文が出現しているのが見て取れる。

chapter 4　ネットワーク

論文の引用関係とは?

　科学研究の世界は、外から見るとわかりにくいものです。ノーベル賞を受賞するような画期的研究は、門外漢から見ても、その分野に与えた影響が巨大であることまではわかりますが、それが「どのくらいのインパクトなのか?」を定量的に測るのはなかなか難しいものです。専門家ではない人々が、その一端を知るにはどのような方法があるのでしょうか。

　あらゆる科学研究は先人の業績の上に成り立っています。研究者の仕事の基本的な流れは、次のようにまとめられます。

- 対象分野の研究の現状を、文献を読むことにより把握する
- そこから解決されていない問いを見出し、テーマを導き出す
- 実験をデザインしてそれを実行する
- 結果を先行研究と比較検討し、論文にまとめて出版する

　このように、研究の始まりには必ず既知の知識の総体である論文があり、その研究の最終的なアウトプットもまた論文です。したがって、論文の引用関係を知ることにより、その仕事がどのような先行研究から影響を受け、出版後にその研究が科学の世界にどのようなインパクトを与えたのかを垣間見ることができます。

　残念ながら多くの論文は一度も引用されることもなく、ひっそりとデータベースの奥に格納されて忘れられていきます。一方、ごく一部の画期的な論文は「ランドマーク的論文」と称され、数千から数万の論文に引用されて、そこから新たな知識のネットワークが生まれます。今回は、そういったランドマーク的論文の1つである、山中伸弥教授によるノーベル賞受賞のきっかけになったものを起点に、そこからどのような論文のネットワークが構築されているのかを可視化します。

引用関係データの取得と加工

　Cytoscapeは基本的にどのようなネットワークでも可視化できますが、最低限、テキストファイルとしてネットワークのデータを手に入れる必要があります。Excelでデータを作成することも可能ですが、一定の規模のおもしろいデータを入手するには、さまざまな形式の公開データを取得・加工し、Cytoscapeで読み込める形に整える必要があります。

　プログラミングによりデータを加工する方法は本書の守備範囲を大きく超えるので、今回はあらかじめ加工済みのファイルを利用し、可視化の作業部分のみに注目します。実際の手順は、Jupyter Notebookとしてすべて記録・公開しているので、興味のある方は手元のマシンで実行すれば、本書サポートページからダウンロードできるデータと同じものを

生成できます。

このコードが行っていることは次のとおりです。

① 起点となる論文（以下、山中論文）のIDから、それを引用している論文のリストを取得する
② その中から、一定の引用数がある論文のみを抽出する（100以上）
③ 山中論文が引用している論文の情報を取得する
④ NetworkX[注1]を用いて、それらの論文を山中論文へのエッジとして追加する
⑤ ②で抽出された論文をさらに引用しているものを取得する
⑥ その結果を引用数（同じく100）でフィルタリングする
⑦ ④で生成されたネットワークにそれらの論文をノードとして追加する
⑧ お互いに引用関係のあるものはエッジとして追加する
⑨ GraphML[注2]という形式でネットワークをファイルとして書き出す

つまり山中論文が引用した論文へ、2ホップ以内で到達できる論文までをネットワークとして扱っています。途中でフィルタリングを施してあるのは、すべてを使うと、あっという間に数十万論文という数に膨れ上がるためです。こうして得られた論文のネットワークは、本書サポートページ[注3]からダウンロードできます。

注1
🌐https://networkx.github.io/
注2
🌐http://graphml.graphdrawing.org/
注3
本書サポートページ：🌐https://gihyo.jp/book/2019/978-4-297-10582-2

最終的な可視化のスケッチ

データが準備できたら、最終的にどのような可視化を作成するのかをデザインします。

ネットワークの可視化では、ノードとエッジの接続状況によって、自動レイアウトを施しても想像と違う結果になることも多いのですが、簡単なスケッチを作成してから実際の作業を行うことで、ツールのどんな機能を使えば良いのかをあらかじめ見当をつけることができます。

今回は次のような方針で作成します。

- 中心付近に起点となる論文（以下シード論文）を大きなノードとして表現する
- シード論文が引用した論文を一列に並べてまとめる
- シード論文を引用している論文の相互引用関係を、その横にネットワーク図として並べて表示する
- さらにそれらを引用している論文を、上記のものを取り囲むように円環状に配置する

Cytoscapeをダウンロード&インストールする

Cytoscapeのダウンロードページ（図4.1.1）から手元のPC用のインストーラをダウンロードしてください。ダウンロードしたファイルをダブルクリックし、画面上の指示に従ってください。ライセンス条項に同意して（図4.1.2）、以降の項目はすべてデフォルトの選択肢を選べば問題ありません。

図4.1.1:Cytoscapeのダウンロードページ

※①https://cytoscape.org/download.html
※macOSでアクセスした場合。Windows PCでアクセスした場合は「for Windows（64bit）」のように表示されます。

図4.1.2:ライセンス条項の同意画面

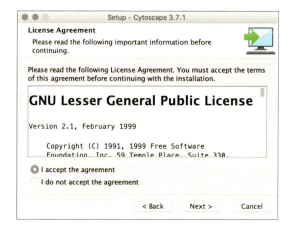

Cytoscapeを起動して初期レイアウトを選択する

それでは、ここから実際に可視化の作業を進めていきます。

Cytoscape（図4.1.3）を起動すると、お使いのセキュリティソフトによっては警告が出ることがありますが[注4]、問題ないのでそのまま実行してください。

Cytoscapeは、ネットワークを読み込んだ後に自動的にノードを配置します。初期状態では、比較的計算に時間がかかる手法が選択してあるので、大きなファイル読み込むと、最初の表示が完了するまでに長い時間がかかります。これを避けるため、レイアウトの手法を一番単純で高速なものに変更します。メニューの[Layout] → [Settings] → [Preffered Layout] タブを選択し、[Preferred Layout Algorithm]を「Grid Layout」に変更します（図4.1.4）。

これでネットワークファイルを読み込む準備ができました。

図4.1.3：インストール先ディレクトリ

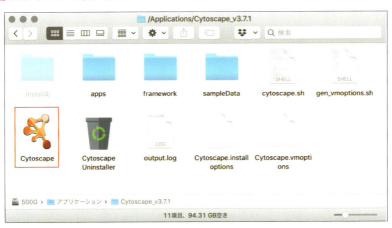

注4
最新のCytoscape関連のお知らせを取得するために外部サーバに接続するためです。

図4.1.4:デフォルトレイアウトの設定画面

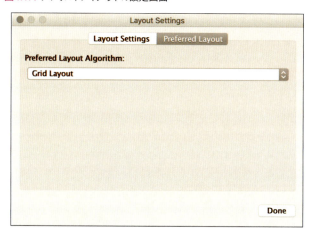

データをインポートする

　ネットワークデータのインポートは、メニューの［File］→［Import］→［Network］→［File］を選択し、そこから先ほどダウンロードした「paper-network.graphml」ファイルを読み込んでください。完了すると格子状にノードが配置される画面（図4.1.5）になります。

図4.1.5:ネットワークファイルを読み込んだ直後の画面

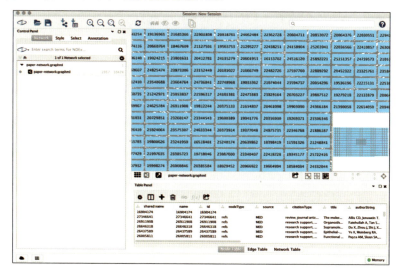

ネットワークの見た目を設定する（表示設定の切り替え方法）

このままでは論文IDの羅列にしか過ぎないので、少しだけ見やすくしてみましょう。

Cytoscapeでは、ネットワークの見た目をコントロールする設定をひとまとめにしたものを「Visual Style」と呼びます。これは、それぞれのデータポイント（ノードやエッジの持つ属性）から基本的な見た目の各要素（ノードやエッジの色、大きさ、形、位置など[注5]）へのマッピングの集合です。たとえば「重みの値が高ければエッジを太く」、「付随するエッジの数が多ければハブとみなしてノードのサイズを大きく」といった設定がマッピングです。これをうまく編集することで、効果的な可視化を作成できます。

作業を進める前に、1つ覚えておくと便利なコマンドがあります。

図4.1.6：比較的大きなネットワークの詳細を隠した状態

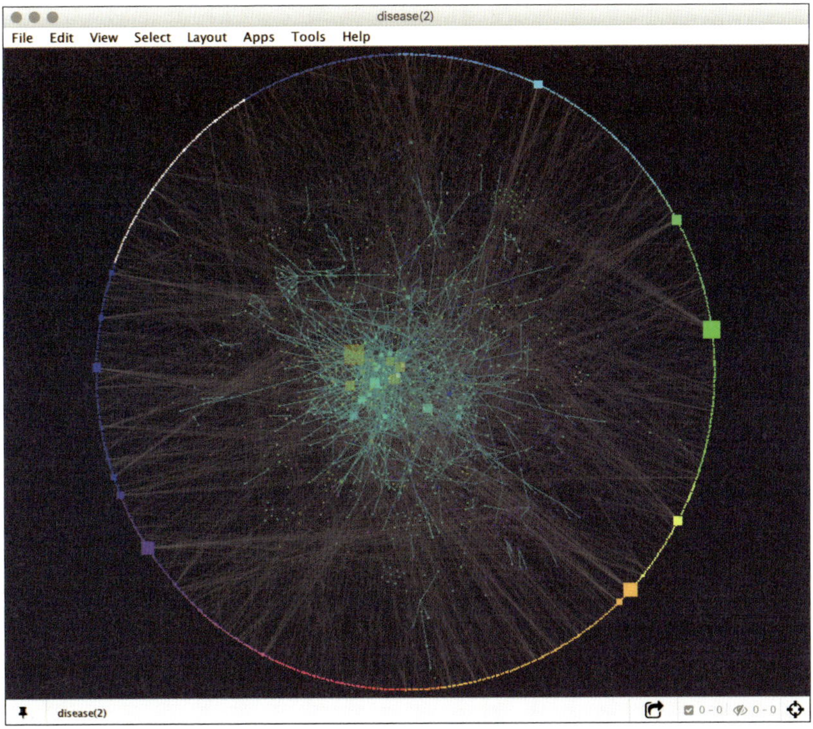

注5
視覚変数（visual properties）と呼ばれます。

chapter 4　ネットワーク

　Cytoscapeでは、大きなネットワークを表示したとき、描画の速度を上げるために初期設定では詳細を隠して低品位な描画を行うようになっています。パンやズームを行う場合には素早く動くので便利ですが、この状態ではラベルやノードの形が隠されてしまうため、必要に応じて描画オプションを設定します。切り替えは、[View] ➡ [Show/Hide Graphics Details] から行えます。作業中はスピードを重視するためにHideモード（図4.1.6）で、仕上がり具合を確認する場合にはShowモード（図4.1.7）を利用してください。

図4.1.7：比較的大きなネットワークの詳細を完全に描画した状態

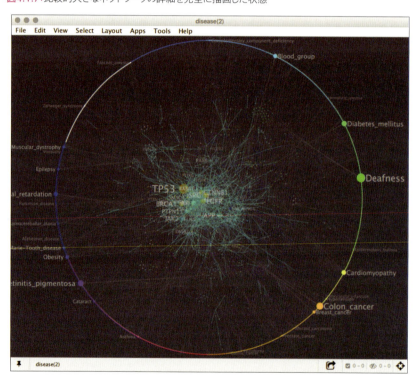

ネットワークの見た目を設定する（Visual Styleのコピー）

　Cytoscapeにあらかじめ用意されているプリセットを編集してVisual Style（以下スタイル）を作成しましょう。
　左側の［Control Panel］ ➡ ［Style］タブを選択し、「default black」というスタイルをコピーします（図4.1.8）。新しい名前（任意）をここでは「paper style」とします。

図4.1.8：Visual Styleをコピーする

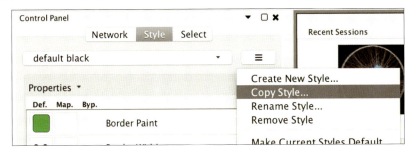

ネットワークの見た目を設定する（スタイルの編集）

ここでは次のようにスタイルを編集します。

図4.1.9の［Def.］列にある各アイコンをクリックすると、その項目を編集できます。今回のデータには、あらかじめノードとエッジに属性（attribute[注6]）がいくつか設定してあるので、これらを利用してマッピングを設定します。

図4.1.9：Vコントロールパネル［Style］の ［Node］（左）と［Edge］（右）

注6
そのオブジェクトに付随する情報。プロパティとも呼びます。

具体的には、次のようになります。

- データをそのまま視覚要素にマッピングする（Passthrough Mapping）
  - ➡ title属性をノードのラベルに用いる
- 離散値を視覚要素に変換する（Discrete Mapping）
  - ➡ ノードをnodeTypeで円や四角形などの形に対応させる
  - ➡ エッジをedgeTypeで色分けする
- 連続値（数値）を視覚要素に変換する（Continuous Mapping）
  - ➡ 論文の被引用数をノードとそのラベルの大きさに対応させる

Visual StyleはCytoscapeの中核をなす機能で、非常に複雑なこともできます。詳細は本節末尾の参考文献［1］を参照してください。

自動レイアウトを適用する

　この時点では、読み込まれたノードが格子状に並んでいるだけで、データがどのようなつながりを持つのかわからない状態です。視覚的に全体像を把握するために、まずは自動レイアウトを実行します。

　［Layout］以下のメニューに多くのレイアウト名が並んでいますが、多くの場合、力学シミュレーションを用いたものがとりあえずの全体像を見たい場合には有効です。

　図4.1.10は、自動レイアウトの例として初期スタイルのままyFiles社の「Organic Layout」を適用したものです。

　ここからは、最初にデザインしたスケッチに向かってレイアウトを選択します。

図4.1.10：Organicレイアウトの適用例

ノード群をいくつかのグループに分ける

まずネットワークをいくつかの部分に分割し、それぞれに別のレイアウトを施す必要があります。

今回のデータには、nodeTypeという属性があります。これは、シード論文が引用した群、シード論文を引用した群、さらにそれらを引用した群、と3つのグループに分かれているため、[Layout]→[Group Attributes Layout]→[nodeType]を使うと、簡単に論文を3つの円環に分けてレイアウトできます（図4.1.11）。シード論文を分岐点にして、nodeTypeに基づき3つのグループに分かれています。

図4.1.11：円環レイアウトの結果

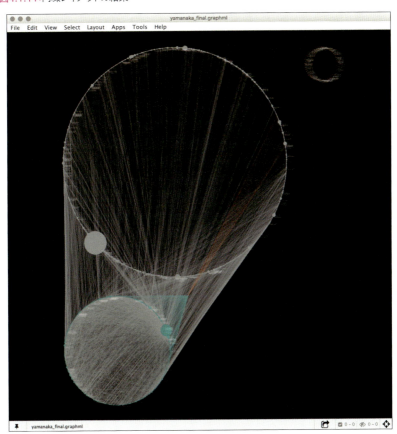

円環の中に表示するネットワークに部分レイアウトを施す

このデータでは、起点論文を引用した論文群が相互に複雑につながっているので、その部分に力学シミュレーション系の自動レイアウトを施します。これは次のように行います。

① 右上のサーチエリアに「refs」と入力して内部に表示する部分ネットワークを選択する
② 選択を逆転させ([Select] ➡ [Nodes] ➡ [Invert node selection])、それ以外の部分を隠す([Select] ➡ [Hide selected nodes and edges])
③ 残った部分に自動レイアウトを施す([Layout] ➡ [yFiles Organic Layout])
④ 隠していた部分を再び表示する([Select] ➡ [Show all nodes and edges])

これにより、Organicレイアウト[注7]が残った部分だけに施され、隠されていた部分には最初に適用した円環レイアウトがそのまま残っています。

図4.1.12:②の処理後

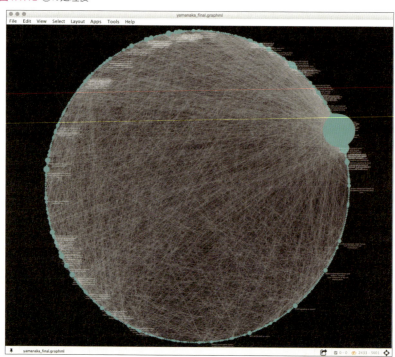

注7
力学シミュレーションに基づく自動レイアウト。複雑な接続を持つネットワークのレイアウトに適している。

図4.1.13：③の処理後

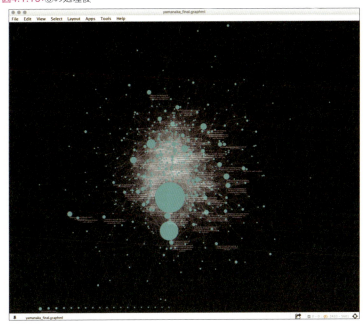

図4.1.14：④の処理後

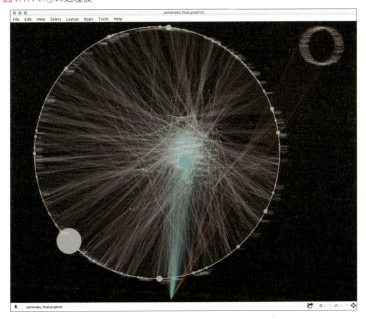

二次的に引用した論文を大きな円環にする

次に、二次的に引用した論文（2nd_refsというnodeType属性を持つ白いノード群、つまり、シード論文を引用した論文を引用している群）を外を囲む大きな円環とするため、スケーリングの機能を使います（図4.1.15）。この機能は、一般的なドロー系アプリケーションのインターフェースを踏襲しているため、Adobe Illustratorなどを使ったことのある方ならば直感的に使えるでしょう。

サーチ機能で2nd_refsを持つノードを選択し、他の部分を包み込める程度の大きさまで円環を拡大します。下に見えるノードがシード論文なので、右クリックメニューの[Edit] ➡ [Bypass Style]で選択できる[Bypass]機能を使ってノードの大きさを300程度に設定します。それらのノードをドラッグして位置を調節した結果が図4.1.16です。

図4.1.15：[Layout] ➡ [Node Layout Tools]で表示されるツールパネル

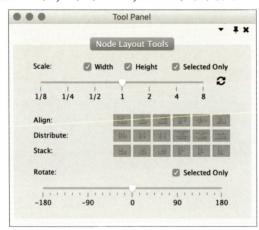

図4.1.16：手動でのレイアウト後の様子

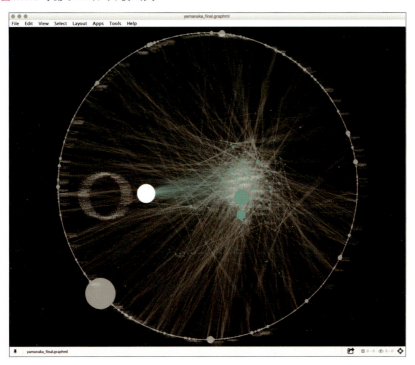

起点論文が引用したものを直線に並べる／円環の場所と大きさを調整する

この時点で、シード論文が引用した論文を表すノード群が小さな円環になっているので、それらを縦方向へ直線状に並べます（先のステップで使った［Node Layout Tool］を使います）。stackコマンドで縦に並べ、distributeで一定間隔に再配置します。その後、高さ方向へのスケーリング機能を使って、ちょうど良い大きさになるように調節します。

この時点でほぼレイアウトは完了です（図4.1.17）。必要に応じて各カテゴリのデータを選択してドラッグすることで、細かな位置を調節できます。好きな位置に各カテゴリのノードを配置してください。図4.1.17は、中心には元の論文を引用したもののネットワークを配置し、外環にはさらにそれを引用したものを配置しています。

図4.1.17:レイアウトの例

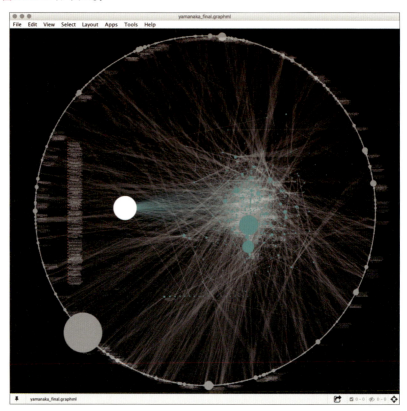

スタイルの微調整(エッジのバンドリング)

　この可視化では、ネットワークの接続状況の詳細を見るというよりも、全体の複雑さを俯瞰するのがテーマです。そこで、大量にあるエッジのために見づらくなっている部分を見やすくするため、それらを束にまとめて、少しでも見やすくしてみましょう。

　[Layout] ➡ [Bundle Edges] を選択し、各パラメタは初期設定のままで実行すると、エッジが自動的に束状にまとめられます。

スタイルの微調整（色や透明度の調整）

最終的な見栄えの微調整です。

この作業は作成する人のデザインの基礎的知識によるところが大きいですが、基本的には何をその図の中で主張したいかを主眼に考えれば問題ないでしょう。現状ではエッジが目立ちすぎるので、少し控えめに描いてみましょう。これは透明度と太さの値を低くすることで実現できます。

Edge Width/Transparencyがこれに該当します。Visual Styleの中からこれらのマッピングを編集します。Discrete Mappingを用いて、edge_typeが2nd_refのものだけ低い値に設定します（図4.1.18）。初期スケッチのとおり、二次的に引用されたものが外環に、シード論文を一次に引用・被引用しているものがその中に描かれています。

図4.1.18：最終的な可視化の例

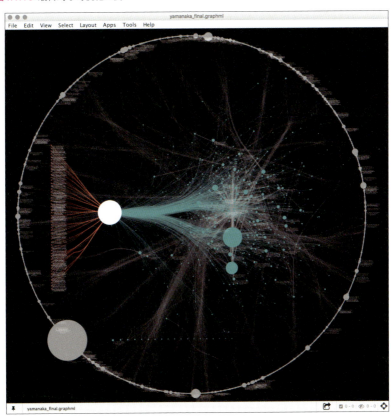

ベクターグラフィックス(PDF/SVG)で出力する

　作成したものは出版物やWebサイトで公開することが多いと思います。Cytoscapeはどちらにもケースにも対応しています。

　印刷物に使う場合、PDFやSVGなどのベクターグラフィックスとしての出力が必須です。Cytoscapeでは［File］➡［Export as image］で必要なファイルフォーマットを選択し、指定した形式で書き出します。

セッションファイルに保存する

　Cytoscapeでは、すべてのデータを1つにまとめたセッションファイルに保存して共有できます。ツールバー上の［Save Session］で保存してください。

　今回の結果は本書サポートページからダウンロードできるので、興味のある方は手元のマシンで開いて参考にしてください。

考察する

　今回の可視化の結果から何が読み取れるのでしょうか。

　まず第一に、論文は数十から100程度の先行研究から始まり（シード論文を表すノードの左側）、出版後にそれが画期的な論文であると認知されると、直接その論文を引用する関連論文だけでも凄まじく複雑な引用のネットワークを生成します。今回は被引用数を100以上（これはそれなりにハードルの高い数です。多くの研究論文は1桁の引用数です）としてネットワークを構築しましたが、それでもかなり複雑な引用関係が見られます。つまり、ひとたび画期的な研究論文が出版されると、そこを「ハブ」として、次なる知のネットワークが構築されてゆくことがわかります。

　今回は、全体像を眺めるための図を作成するという方針なので、作成した図だけではなかなか細部を見ることはできません。ですから、細部を観察したい場合は、実際にCytoscapeでセッションファイルを開き、サーチ機能などを使って詳細を調べることになります。

さらに分析する

　Cytoscapeには、サーチやフィルタリング、基本的な統計解析機能などが備わっているので、さらにネットワークを分析していくことが可能です。

たとえば、このネットワークは比較的大きいので、興味のある著者の論文をサーチを使って探し出し、そこへ直接接続されているノードを選択、そこからサブネットワークを生成、といったことが容易に行なえます。

図4.1.19は一例です。Cytoscapeに用意されているフィルタ機能とサブネットワーク生成機能で、必要な詳細部分だけ切り出して詳細図を作成することも可能です。ネットワークの規模が大きくなるほど、この「サーチとフィルタリングの後にサブネットワークを抽出する」というテクニックが意味のある可視化を作るうえで必要になりますので、ぜひ試してみてください。

図4.1.19：さらなる分析例

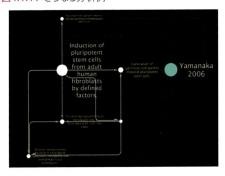

参考文献

ここで紹介した機能はそのごく一部です。残念ながらほとんどの文献が英語ですが、豊富なドキュメントが用意されていますので、ぜひ一度ご覧になってください［1, 2］。わずかですが、筆者が公開した日本語のガイド記事もあるので、参考にしてください［3］。

また、ネットワークを本格的に分析・可視化したい場合には、一定のコーディング作業が避けられない場面に出会うと思います。こういった場合にも優れた参考書が出ているので、興味のある方は読んでみてはいかがでしょうか［4, 5］。

［1］Cytoscapeチュートリアル集：ⓘhttps://github.com/cytoscape/cytoscape-tutorials/wiki
［2］Cytoscape公式：ⓘhttp://www.cytoscape.org/
［3］QiitaのCytoscape関連記事：ⓘhttps://qiita.com/tags/cytoscape
［4］『入門 ソーシャルデータ 第2版 ソーシャルウェブのデータマイニング』、Matthew A. Russell 著、佐藤敏紀／瀬戸口光宏／原川浩一 監訳、長尾高弘 訳、オライリー・ジャパン（2014）
［5］『ネットワーク分析 第2版』、金明哲 編、鈴木努 著、共立出版（2017）

chapter 4　ネットワーク

4-2

Gephi
──マウスの脳内神経ネットワーク構造を　わかりやすくレイアウト

ネットワーク可視化ツール「Gephi」で最近明らかになったマウスの
脳内神経ネットワーク構造を可視化します。
いくつかの領域がお互いにどの程度つながっているのかが、わかりやすくなります。

©Shutterstock/ fizkes

4-2 Gephi──マウスの脳内神経ネットワーク構造をわかりやすくレイアウト

Input マウスの脳内神経ネットワーク構造

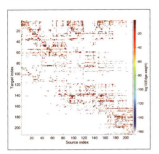

米国アレン脳科学研究所（http://connectivity.brain-map.org/）の学術論文「Seung Wook Oh et al., A mesoscale connectome of the mouse brain. Nature 508, 207-214 (2014)」で公開されているデータの「Supplementary Table 3」を少し加工した。

https://www.nature.com/articles/nature13186#supplementary-information

Tool Gephi v0.9.2

Gephi（https://gephi.org/）はネットワークを可視化・分析できるアプリケーション（無料）。データの前処理に「MATLAB R2018b」を利用した。

Output 脳の各領域のつながり

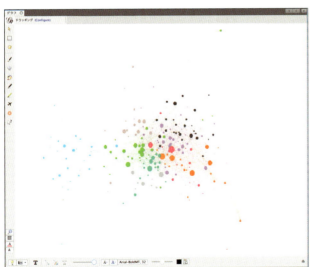

脳の各領域がどのようにつながり合っているのかをネットワーク構造で可視化している。他の領域とより多くつながっているノードはより大きくなっている。それぞれの色はGephiが自動的に抽出したモデュールを示す。

神経回路とは?

　脳内ではニューロン（神経細胞）がシナプスを介して複雑につながっており、電気的な信号をやり取りしています。このネットワーク構造が私たちの知性（意識／認知／記憶）を担っていると考えられています。しかし、脳の構造があまりに複雑なため、最近まで脳内の詳細なネットワーク構造はほとんどわかっていませんでした。

　近年、ヒトの知性の謎を解き明かすべく、世界中で脳内ネットワーク構造を明らかとしようする大規模な研究プロジェクトが進行しています。

　本節では、最近明らかとなったマウスの脳内の神経ネットワーク構造を例にします。

ネットワークを数値データとして表す場合

　ネットワークを数値データとして表す場合、ネットワーク構造の1つの表現方法として、「マトリックス（行列）」がよく用いられます。縦軸が接続元のノードインデックス、横軸が接続先のノードインデックスを表します。そして、各要素の数値は接続の強さ（重み）に対応しています。

図4.2.1：ネットワーク構造のマトリックス（例）

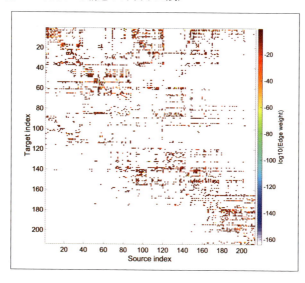

図4.2.1は神経ネットワーク構造のマトリックスを描画したもので、脳内のどの領域（ノード）がどの領域（ノード）にどれくらいの強さでつながっているのかが表されています（元データは今回利用する論文[注1]のオンラインサイトに「Supplementary information」として公開されているものを少し加工したものです）。

注1
①https://www.nature.com/articles/nature13186#supplementary-information

データの取得と加工

図4.2.1の行列で表されたネットワーク構造をGephiに読み込ませるためには、特定のフォーマットに変換する必要があります。

GephiはXMLやTextにも対応していますが、ここでは図4.2.2のようなフォーマットのCSVファイルを使用します。項目は、Souce（接続元）、Target（接続先）、Type（接続に方向性があるか？ 有向（Directed）もしくは無向（Undirected））、Weight（接続の強さ）です。このCSVファイル（NeuralConnectivity.csv）は本書サポートページ[注2]からダウンロードできます。

図4.2.2：使用するファイルイメージ

	A	B	C	D	E	F	G
1	Source	Target	Type	Id	Label	timeset	Weight
2	FRP	FRP	Directed		0	Hippocampal Formation	0
3	FRP	MOp	Directed		1	Hippocampal Formation	0
4	FRP	MOs	Directed		2	Hippocampal Formation	0
5	FRP	GU	Directed		3	Hippocampal Formation	0.001101
6	FRP	AId	Directed		4	Hippocampal Formation	0
7	FRP	AIv	Directed		5	Hippocampal Formation	0.013712
8	FRP	CLA	Directed		6	Hippocampal Formation	0.006761
9	FRP	CP	Directed		7	Hippocampal Formation	0.000006
10	FRP	FS	Directed		8	Hippocampal Formation	0.008854
11	FRP	GPe	Directed		9	Hippocampal Formation	0
12	FRP	SPA	Directed		10	Hippocampal Formation	0.00013

注2
本書サポートページ：①https://gihyo.jp/book/2019/978-4-297-10582-2

Gephiを起動する／必要なプラグインをインストールする

Gephiを起動します。また後々のための準備として、「Circle Pack」プラグインをインストールします。

メニューの［ツール］ ➡ ［プラグイン］で表示されるサブウィンドウ ➡ ［使用可能なプラグイン］の［Circle Pack］にチェックを入れてインストールしてください。

データをインポートする

メニューの［ファイル］ ➡ ［開く］で、先ほど用意した「NeuralConnectivity.csv」を読み込んでください。表示されたサブウィンドウは、［次］ ➡ ［終了］ ➡ ［OK］と順に進み、データを読み込みます。

データのインポートが完了すると、図4.2.3のようなワークスペース1が作られ、ネットワーク構造が表示されます。重みが大きいほどエッジが太く描画されています。なお、ノードはランダムに配置されるので、同じように見えるわけではありません。また、ネットワークが表示されない場合は、メニューの［ウィンドウ］ ➡ ［グラフ］を選択してみてください。

図4.2.3：データを読み込んだ直後の画面

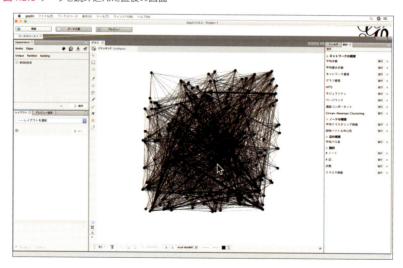

ネットワークの統計量を計算する

　Gephiでは簡単にネットワーク構造の各種特徴量を反映できます。今回は、他のノードとよりつながっている「ハブ」となるノードをより大きく描画し、またネットワークに潜むモジュール構造（ノード同士が密につながりあっているノードの集合）を抽出し、モジュールごとに色付けしていきます。

　まずネットワーク構造の各種統計量を計算してみましょう。メニューの［ウィンドウ］ ➡ ［統計］で［統計パネル］が表示されます。たとえば、［平均次数］を実行すると、各ノードの入出力の数の平均が計算されます。次に［モジュラリティ］を実行しておいてください。これによりネットワークの中に存在するモジュール構造を抽出することができます。

　つまり、モジュール内ではノード同士は密に結合しあっていて、異なるモジュール間は密には結合していません。

モジュールごとにノードを色付けする

　ここからは、ネットワークの表示を調整していきます。

　メニューの［ウィンドウ］ ➡ ［Appearence］で［Appearenceパネル］が表示されます。そして［ノード］ ➡ ［パレットのアイコン（●）］ ➡ ［Partition］の順でクリックし、「Modularity Class」を選択して［適用］をクリックしてください。ノードが所属するモジュールごとに色が付きます。

ノードの大きさを調整する

　ネットワーク上で重要なノードを大きく表示したい場合、［Appearenceパネル］で［Nodes］ ➡ ［丸のアイコン（⬤）］ ➡ ［Ranking］の順でクリックし、［Degree］を選択して［適用］をクリックしてください。他のノードにより多くの入出力を持つノードが大きくなります。

ノードラベルを表示する

　各ノード（脳領域）のラベル（名前）を表示したい場合、グラフパネルの下にある［🖼］（属性ボタン）］ ➡ ［ノード］をクリックして、[Id] のみにチェックを入れます。

　そして、グラフパネルの下の［**T**（ノードラベルの表示）］をクリックすると、ノードラベルが表示されます。ラベルの

大きさはグラフパネル右下のスライダーを動かすことで調整できます。

エッジの太さを調整する

エッジの太さはグラフパネル左下のスライダーを動かすことで調整できます。

モジュール構造がよくわかる形で表示する

　モジュール構造がよくわかる形でネットワークを可視化したい場合は、レイアウトパネルで「Circle Pack Layout」を選びます。そして、Hierarchy 1として「Modularity Class」を選択して実行すると、図4.2.4のようになります。モジュールごとにノードが色付けされ、互いに近傍に配置されます。

図4.2.4：モジュール構造がよくわかるレイアウト

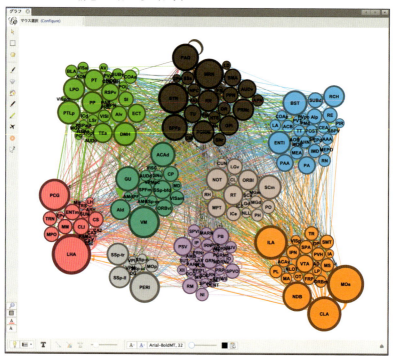

力指向アルゴリズムを適用して表示する

次に、ネットワークの描画によく使用される力指向アルゴリズムを適用します。レイアウトパネルで「Force AtlasCircle Pack Layout」を選択して実行すると、図4.2.5のようになります。モジュールごとにノードが色付けされ、互いに近傍に配置されます。

このアルゴリズムでは、接続しているノードの間には引力が、すべてのノード同士には反発力が働くことで、ノードが移動し、ネットワーク構造が見やすくなります。

図4.2.5:力指向アルゴリズムのレイアウト

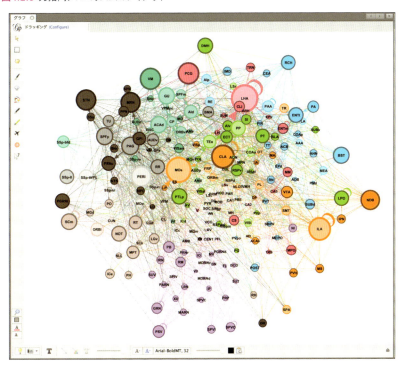

不必要なノードを除去する

あまり他のノードと結合していないノードは重要でないため、それらを除去することができます。メニューの［ウィンドウ］→［フィルタ］を選択し、フィルタパネルを開きます。

たとえば、［トポロジ］→［出次数範囲］をダブルクリックすると、クエリーに出次数範囲が追加され、下にヒストグラムが表示されます。そして、スライダーを動かすことで、描画するノードの出次数範囲を絞り、一番下にある［フィルタ］をクリックすることで、範囲外のノードが除去されます（図4.2.6）。

図4.2.6：不必要なノードを除去

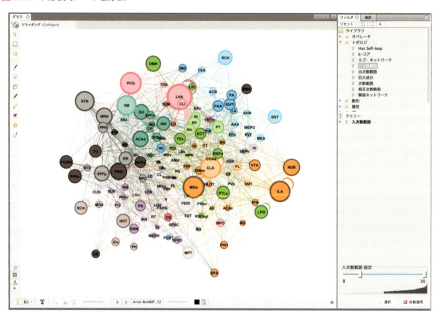

結果を公開する

　作成したネットワーク図はPNG/PDF/SVGファイルとして出力できます。

　まず画面一番上のプレビューバーをクリックし、メニューの［ウィンドウ］→［プレビュー］および［プレビュー設定］を選択します。プレビュー設定パネルで［曲線］にチェックを入れて［更新］をクリックすると、プレビューパネルにネットワークが描画されます。辺の［ラベルの表示］や［厚さ］、矢印の［サイズ］などを調整することで、最終的に出力したい図に仕上げていきます。

　最後に［更新］→［エクスポート］でネットワークの可視化をファイル出力できます。

参考文献

- Gephi公式サイト：ⓘhttps://gephi.org/
- Gephiチュートリアル集（日本語）：ⓘhttp://oss.infoscience.co.jp/gephi/gephi.org/users/
- データセット：ⓘhttp://oss.infoscience.co.jp/gephi/wiki.gephi.org/index.php/Datasets.html

chapter 5
Webツール

> ブラウザだけで あっ！という間に すぐに作れる

データを可視化するためには、データとツールを揃えるのが大変です。本章では、Webツールという切り口で「RESAS」と「IHME」の使い方を紹介します。準備が必要ない分、気軽に試しながら、いろいろな角度で比較したり分析すると、新たな発見ができそうです。

RESAS

➡P.164

IHME

➡P.182

chapter 5 Webツール

データセットだけでなくツールも使えるようになってきた

　国際機関や政府のオープンデータをデータセットとして公開するだけでなく、利用者がそうしたデータの中から目的に合ったものを選び、すぐに可視化できるようにしたツールはWeb上に数多くあります。ユーザが持っている独自のデータを可視化して表現するのではなく、すでにあるオープンデータを自分好みの切り口で分析できるのが特徴です。

Webツールの意義

　本章では、ソフトウェアのインストールが不要で、Webブラウザ上ですぐにデータの可視化ができるツールを「Webツール」と呼びます。また、広い意味では、Webツールはインターネットを閲覧できれば、すぐにデータの可視化ができるサイトを指します。可視化するメニューはサイトによって異なりますが、地図、グラフなど多岐にわたっています。

　こうしたWebツールは、日本であれば全国、都道府県、あるいは市町村の現状を示す何らかの指標を直感的に見える形で表現することを可能にしてくれます。世界各国を比較できるものもあります。

　たとえば、日本の都道府県で高齢者の割合がもっとも高いところは？　生まれる赤ちゃんの数がもっとも多い（少ない）ところは？　といった問いに、数字だけではなく、ビジュアリゼーションで答えてくれるのがこれらのツールです。

　自分でこうしたデータを探してきて保存し、可視化するには2つのステップが必要になりますが、Webツールを使うとそれが1つのところでできることになります。

本章で紹介するWebツール

　5-1ではRESAS（リーサス、Regional Economy Society Analyzing System）を取り上げます。RESASは経済産業省と内閣官房（まち・ひと・しごと創生本部事務局）が提供する日本の地域経済分析システムです。都道府県、市町村のレベルで地域ごとの人口動態や産業構造を可視化することができます。

　5-2では米ワシントン大学のInstitute for Health Metrics and Evaluationが作っている世界各国の健康データを可視化できるサイトを紹介します。国民の健康に関して各国の「成績」や課題を比較できるほか、日本など一部の国については地域（日本の場合は都道府県）のデータもあります。

その他にもあるWebツール

　この他にも、公的なデータとその可視化をセットにして提供するWebツールは国内外に多

図5.0.1：世界銀行のデータバンク
（ⓘhttp://databank.worldbank.org/data/home.aspx）

図5.0.2：WITSのビジュアリゼーションツール
（ⓘhttps://wits.worldbank.org/trade-visualization）

数あります。

　世界銀行（World Bank）では世界の開発データをだれでも利用できるようにするオープンデータの取り組みを進めており、世界各国の現状を把握するのに役立つデータを簡単な操作で可視化できます。世界銀行のデータバンク（図5.0.1）にある5つのデータベースから1つを選び、次に「Country（国と地域）」「Series（統計指標）」「Time（年）」を選択すると、ほしいデータだけが入ったカスタムデータセットが作成され、それに基づいた地図などのビジュアリゼーションにもアクセスできます。データセットはCSVなどの形式でダウンロードして利用できます。

　World Integrated Trade Solution（WITS）のビジュアリゼーションツール（図5.0.2）は世界銀行や世界貿易機関が持つ貿易と関税に関するデータを一元化して、ユーザが国やデータ項目（輸出と輸入のどちらかを選ぶなど）を指定すると、抽出されたデータを可視化してくれるものです。

chapter 5　Webツール

5-1

RESAS
──身近な地域の問題をいろいろ調べるだけでも楽しい

RESAS（リーサス）は、まち・ひと・しごと創生本部事務局が提供する地域経済分析システムです。官民のビッグデータが集約され、産業構造や人の流れなどを可視化するシステムです。使い方はとても簡単です。

5-1 RESAS──身近な地域の問題をいろいろ調べるだけでも楽しい

Input **Tool** RESAS（リーサス）

RESAS（https://resas.go.jp/）は経済産業省と内閣官房（まち・ひと・しごと創生本部事務局）が、2015年4月から提供している、誰でも使うことのできる「地域経済分析システム」。官民のビッグデータを集約し、地域ごとの人口動態や産業構造が可視化でき、まちづくりや地域活性化、地方創生への立案や実行、検証のツールとして活用されている。2019年3月現在、8つの大項目（「人口マップ」「地域経済循環マップ」「産業構造マップ」「企業活動マップ」「観光マップ」「まちづくりマップ」「雇用／医療・福祉マップ」「地方財政マップ」）が用意されている。

Output 各種ビジュアライゼーション（一部）

[1] 地域経済循環図（2013年 秋田県）

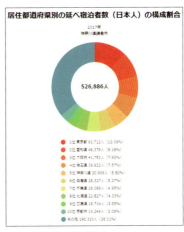

[2] 宿泊者数の構成割合
　　（2017年 神奈川県鎌倉市）

[3] 花火図（2016年 大阪市からの転出超過の状況）

[4] 主要財政指標比較レーダーチャート
　　（2016年 秋田県）

RESASで調べられること

RESASは本稿執筆時点（2019年3月）で、大項目は「人口マップ」「地域経済循環マップ」「産業構造マップ」「企業活動マップ」「観光マップ」「まちづくりマップ」「雇用／医療・福祉マップ」「地方財政マップ」の8項目があり、それぞれに中項目（一部は小項目）があります（表5.1.1～表5.1.8）。

表5.1.1：人口マップ

中項目	表示内容
人口構成	年齢別人口構成と、過去から2040年までの60～80年間の人口の推移
人口増減	過去から2045年までの60～80年間の人口増減率など
人口の自然増減	人口の自然増減の要因である合計特殊出生率、地域少子化・働き方指標の散布図
人口の社会増減	転入・転出による人口の社会増減
新卒者就職・進学	新卒者の就職および進学を契機とした地域間の流出入状況
将来人口推計	将来の人口推移、自然増減と社会増減が将来の人口に及ぼす影響度
人口メッシュ	総務省「国勢調査」の総人口など（500mメッシュ単位）
将来人口メッシュ	2010年人口および将来人口（2050年）（1kmメッシュ単位）

表5.1.2：地域経済循環マップ

中項目	表示内容
地域経済循環図	地域のお金の流れ（生産、分配、支出の三段階）、段階におけるお金の流出・流入状況
生産分析	産業別の移輸出入の収支状況、ある産業の経済動向が他産業の経済動向に及ぼす影響度や地域全体の経済動向から受ける感応度
分配分析	「総所得」「雇用者所得」「その他の所得」の流出入状況など
支出分析	「総支出」「民間消費」「民間投資」「その他支出」の流出入状況など
労働生産性等の動向分析	県内総生産の推移（設定した成長率を実現するための労働生産性や労働参加率等の要因が分析できる）

表5.1.3：産業構造マップ

中項目	小項目	表示内容
全産業	全産業の構造	企業数、従業者数、売上高、付加価値額、事業所の産業別の割合
	稼ぐ力分析	どの産業が効率的に稼いでいるか（全国と比較できる特化係数を利用）
	企業数	産業別の企業数

5-1 RESAS——身近な地域の問題をいろいろ調べるだけでも楽しい

全産業	事業所数	産業別の事業所数
	従業員数（事業所単位）	産業別の事業所単位での従業者数
	付加価値額（企業単位）	産業別の企業単位での付加価値額
	労働生産性（企業単位）	産業別の企業単位での労働生産性
製造業	製造業の構造	製造業について産業別の事業所単位の製造品出荷額など（付加価値額の増減に対する製造品出荷額などの寄与度が分析できる）
	製造業の比較	製造業の産業別製造品出荷額など（地域間で比較できる）
	製造品出荷額等	製造業の産業別製造品出荷額などの推移
小売・卸売業（消費）	商業の構造	卸売業、小売業について事業所単位の年間商品販売額など（年間商品販売額の増減に対する事業所数などの寄与度が分析できる）
	商業の比較	卸売業、小売業について事業所単位の年間商品販売額など
	年間商品販売額	卸売業、小売業の産業別年間商品販売額の推移
	消費の傾向（POSデータ）	地域のスーパー、ドラッグストアのレジのPOSデータを基にした飲食料品や日用品などの購入金額や購入店数など
	From-to分析（POSデータ）	地域のスーパー、ドラッグストアのレジのPOSデータを基にした生産地と消費地の関係、消費地別シェアの推移
農業	農業の構造	農業部門別の産出額
	農業算出額	農業産出額（総額、経営体あたり）
	農地分析	経営耕地面積や農地流動化率、耕作放棄地率など
	農業者分析	農業経営者の年齢構成、農業経営体の法人化率、農業生産関連事業の取り組み状況など
林業	林業総収入	林産物販売額や作業請負による総収入など
	山林分析	保有山林面積や素材生産量、林業作業実施率など
	林業者分析	年間延べ林業作業日数や林業経営体の法人化率
水産業	海面漁獲物等販売金額	海面漁業における漁獲物等販売金額や種類別延べ経営体数など
	海面漁船・養殖面積等分析	海面漁業における種類別漁船隻数や魚種別養殖面積
	海面漁業者分析	海面漁業における就業者数、高齢化率や漁業関連事業への取り組み状況など
	内水面漁獲物等販売金額	内水面（湖沼など）漁業における漁獲物等販売金額や種類別延べ経営体数など
	内水面漁船・養殖面積等分析	内水面（湖沼など）漁業における種類別漁船隻数や魚種別養殖面積
	内水面漁業者分析	内水面（湖沼など）漁業における就業者数、高齢化率や漁業関連事業への取り組み状況など

表5.1.4：企業活動マップ

中項目	小項目	表示内容
企業情報	表彰・補助金採択	国内企業の表彰・補助金の採択状況
	創業比率	産業別の創業比率
	黒字赤字企業比率	産業別の黒字赤字企業比率
	中小・小規模企業財務比率	地域別・産業別の営業利益率など、中小・小規模企業の21の財務指標
海外取引	海外への企業進出動向	産業別、国・地域別の日本企業の海外への進出状況（海外現地法人数）
	輸出入取引	品目別、取引相手国・地域別、税関官署別の輸出入金額の推移
	企業の海外取引額分析	企業の輸出入の取引額や取引相手の地域の状況
研究開発	研究開発費の比較	研究開発を行っている主要企業の数や研究開発費の計上状況
	特許分析図	技術分野別、個別企業別の国内に存在する特許

表5.1.5：観光マップ

中項目	小項目	表示内容
国内	目的地分析	経路検索サービスの利用情報を基に、検索回数の多い観光施設など
	From-to分析（宿泊者）	指定地域への宿泊者がどの地域から多く来ているのか（性別、参加形態別、宿泊日数別の延べ宿泊者数など）
	宿泊施設	宿泊施設タイプ別・従業者規模別に宿泊施設数、延べ宿泊者数、定員稼働率、客室稼働率
外国人	外国人訪問分析	国・地域別、訪日目的別の外国人の訪問人数と四半期毎の推移
	外国人滞在分析	訪日外国人の滞在状況（昼・夜に分けて）
	外国人メッシュ	各地点の外国人訪問客のうち、1時間以上そのメッシュの範囲に滞在した人数
	外国人入出国空港分析	訪日外国人の流動データを基に、外国人訪問客がどの空港を利用して入出国したのか（訪日中に訪問した都道府県ごと）
	外国人移動相関分析	訪日外国人の流動データを基に、外国人訪問客がその地域を訪問する直前・直後に滞在した都道府県
	外国人消費の比較（クレジットカード）	外国人訪問客によるクレジットカードの消費履歴を基に、地域別・国別に消費額とその推移や取引件数、取引単価など
	外国人消費の構造（クレジットカード）	外国人訪問客によるクレジットカードの消費額（月別、部門別、国・地域別の割合）
	外国人消費の比較（免税取引）	免税店数と、販売額の構成割合（地域・国別、性別・年齢別）

| 外国人 | 外国人消費の構造（免税取引） | 外国人訪問客の免税取引額について、構成割合（地域・国別、性別・年齢別） |

表5.1.6：まちづくりマップ

中項目	表示内容
From-to分析（滞在分析）	どの地域から来る人が多く滞在しているか（平日・休日別、男女別、年代別など）
滞在人口率	自治体の実際の人口に対し、一時間あたり月間平均で何倍の滞在人口があるか
通勤通学人口	通勤や通学による日常的な自治体間移動状況（昼間人口、夜間人口や昼夜間人口比率など）
流動人口メッシュ	携帯電話のアプリ利用者の位置情報を用いた月別・時間帯別の流動人口
事業所立地動向	地図上に電話帳登録のある事業所（指定したエリア内の産業別割合や事業所・店舗数の推移など）
施設周辺人口	「国勢調査」の人口および将来人口（2050年）をメッシュ表示し、各種施設から任意に指定した距離（100m〜10km）でカバーされる人口の変化
不動産取引	不動産の種類別の取引面積1m2㎡あたり平均取引価格、不動産取引価格情報の分布や大規模土地取引の利用目的別の件数・面積など

表5.1.7：雇用／医療・福祉マップ

中項目	表示内容
一人当たり賃金	産業別の一人当たり賃金
有効求人倍率	職業別の有効求人倍率
求人・求職者	職業別の有効求職者数（総数、男女別）、有効求人数、就職件数
医療需要	医療の需要に関する指標（地域間の流入流出状況も含む病院の推計入院患者数など）、供給に関する指標（病院数、医師数など）
介護需要	介護の需要に関する指標（介護サービス利用者数など）、供給に関する指標（施設・事業所数、定員数など）、介護保険料・介護費用

表5.1.8：地方財政マップ

中項目	表示内容
自治体財政状況の比較	財政力指数、実質公債費比率など自治体の主要な財政指標、目的別の歳出決算額
一人当たり地方税	一人当たり地方税
一人当たり市町村民税法人分	一人当たり市町村民税法人分
一人当たり固定資産税	一人当たり固定資産税

chapter 5　Webツール

基本的な使い方

RESASでは、まず「何を」「どこを」「いつ」について調べたいのかを整理しておくと、スムーズに操作できます。図5.1.1は大項目［人口マップ］➡ 中項目［人口構成］を選択したときの画面で、日本地図がヒートマップとして表示されています。右の選択項目で地域や表示年を選択します。

図5.1.1：基本的な使い方

秋田県の人口を調べる

ここでは秋田県の人口を調べてみましょう。

大項目「人口マップ」➡ 中項目「人口構成」を選択し、地域［秋田県］➡ 表示レベル［都道府県単位］➡ 表示年［2017年］を選択します。日本地図が拡大し、秋田県を中心とした地域周辺にズームアップされ、地図上にマウスオーバーすると2017年の人口数が表示されます（図5.1.2）。

また、［人口構成関係データを図表で見る］で用意されている「人口推移」（図5.1.3）と「人口ピラミッド」（図5.1.4）の2種類のグラフを表示できます。

5-1 RESAS——身近な地域の問題をいろいろ調べるだけでも楽しい

図5.1.2:大項目「人口マップ」➡ 中項目「人口構成」(秋田県/2017年)

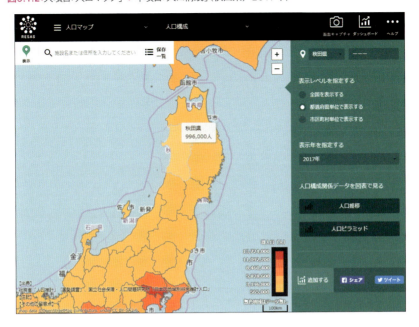

図5.1.3:人口推移(秋田県)

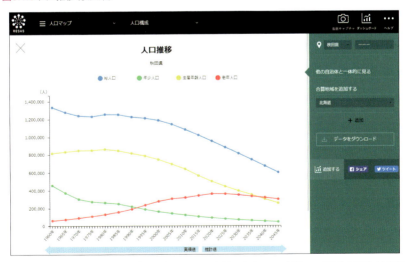

※1960年から2045年(推計値)の推移を見ることができる。このグラフでは2040年には老年人口が生産年齢人口を上回り、人口は2017年の996,000人から2045年には601,649人に減少すると予測される。「合算地域を追加する」で、他の自治体と一体的に表示できる

図5.1.4：人口ピラミッド（秋田県）

※1995年から5年単位で2045年（推計値）までを選ぶことができる。世代ごとに男女別で表示される。2045年には老年人口が50％となり、90歳以上の女性が35,951人で人口の5.98％と予測される。秋田県では約17人に1人が90歳以上の女性ということになる

データを利用する

［画面キャプチャー］をクリックするとPNG画像データとしてダウンロードできるので、企画書やプレゼンテーション資料に利用できます（図5.1.5）。グラフを表示しているときの右メニューに表示される［データのダウンロード］は、表示されているデータをCSV形式でダウンロードすることができます。データは関連するすべてのデータがダウンロードされます（図5.1.6）。ダウンロードしたCSVファイル（図5.1.7）を使用して自身でもグラフ作成などが可能です。

図5.1.5：画面キャプチャーとデータダウンロード

5-1　RESAS——身近な地域の問題をいろいろ調べるだけでも楽しい

図5.1.6：「人口構成」をダウンロードしたフォルダ

図5.1.7：ダウンロードしたCSVファイルをExcelで開いた状態

	A	B	C	D	E	F	G	H	I
1	集計年	都道府県コード	都道府県名	男女区分	0～4歳(人)	5～9歳(人)	10～14歳(人)	15～19歳(人)	20～24歳(人)
2	1980	1	北海道	男	208437	238711	217367	209528	185415
3	1980	1	北海道	女	199061	226566	208182	200572	191405
4	1980	2	青森県	男	57449	65182	64564	59243	48056
5	1980	2	青森県	女	54722	62869	61668	57649	51876
6	1980	3	岩手県	男	52658	57897	56465	52299	40987
7	1980	3	岩手県	女	50113	55236	53645	48810	41519
8	1980	4	宮城県	男	82342	87023	77284	79673	79213
9	1980	4	宮城県	女	77795	82803	73305	73416	76437
10	1980	5	秋田県	男	44173	45957	44667	43632	35519
11	1980	5	秋田県	女	41429	44333	42718	42184	38322
12	1980	6	山形県	男	44631	46165	43603	42923	35927
13	1980	6	山形県	女	42491	44468	41346	40993	37428
14	1980	7	福島県	男	78368	83241	76457	74079	60972
15	1980	7	福島県	女	75027	79967	73780	71411	64588
16	1980	8	茨城県	男	100988	118472	102164	88028	81290
17	1980	8	茨城県	女	96483	113041	97318	84687	79470
18	1980	9	栃木県	男	71555	81598	69118	60174	55160
19	1980	9	栃木県	女	67720	76952	66289	59057	57114
20	1980	10	群馬県	男	70504	82668	72657	62445	52224
21	1980	10	群馬県	女	67237	79253	69229	60763	54724
22	1980	11	埼玉県	男	223321	284427	242179	196243	178299
23	1980	11	埼玉県	女	210690	269474	228330	183938	163036
24	1980	12	千葉県	男	191960	236223	200240	167020	157528
25	1980	12	千葉県	女	182844	223514	190133	154415	139409
26	1980	13	東京都	男	366318	443461	417319	456826	616805

> 観光地情報を分析する（時期による違い）

ここでは実例として、観光地の面から神奈川県鎌倉市を調べてみましょう。

まず、鎌倉に訪れる人はどこを目的とするのか、年間を通した結果と特定の時期（6月）の結果を比較します。

［観光マップ］➡［国内］➡［目的地分析］➡「神奈川県」「鎌倉市」➡［表示年月］を「2016年」「すべての期間」➡「休日」➡［交通手段］を「公共交通」➡［目的地検索ランキングを表示］でグラフを表示します（図5.1.8上）。第1位は「鶴岡八幡宮」で、「高徳院」（鎌倉大仏）、「銭洗い弁財天」となります。

ところが同じ2016年でも、条件を「6月」にすると、目的地の第1位は「明月院のアジサイ」となります。調べてみると、月や季節によって人気が高い目的地がわかります（図5.1.8下）

173

図5.1.8：鎌倉市の目的地一覧（交通手段は公共交通）：（上）2016年すべて、（下）2016年6月

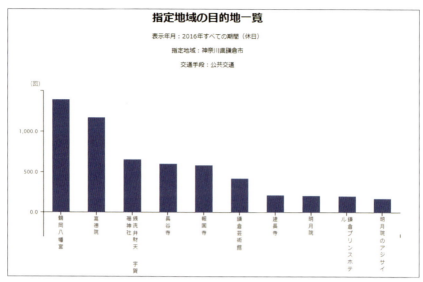

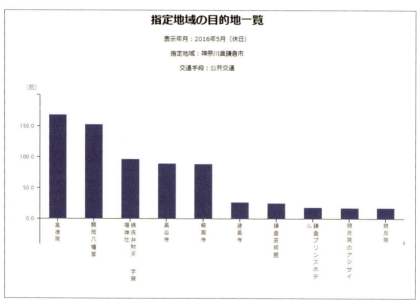

5-1　RESAS——身近な地域の問題をいろいろ調べるだけでも楽しい

観光地情報を分析する（宿泊者数を隣接地域と比較）

次に年間の宿泊者数を鎌倉市と、隣接する横浜市を調べて比較してみます。

［観光マップ］→［国内］→［From-to分析（宿泊者）］→［市区町村単位で表示す］→「神奈川県」「鎌倉市 or 横浜市」→［居住都道府県別に見る］でグラフを表示します（図5.1.9）。

2017年の鎌倉市の宿泊者数が52万6,886人に対して、横浜市は645万3,494人と約12倍も多いことがわかります。鎌倉は東京から日帰りで行ける距離ですが、東京都からの宿泊者が12.09％を占めています。横浜市への宿泊者は同じ地域である神奈川県からが1位になっています。

図5.1.9：居住地別の宿泊者数：（上）鎌倉市、（下）横浜市

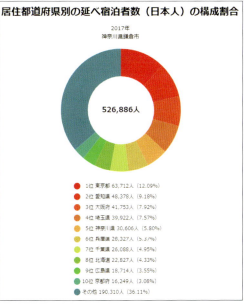

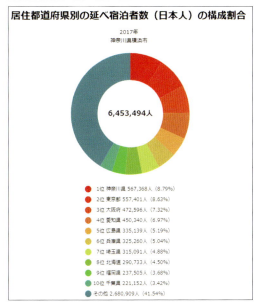

観光地情報を分析する（宿泊業者数を隣接地域と比較）

鎌倉市は観光地としては宿泊施設が少なく、横浜市を宿泊地にして鎌倉まで足をのばす観光客が多いのかもしれません。そこで、2つの市の産業構造マップから宿泊業者数を比較してみます。

［産業構造マップ］⇒［全産業］⇒［全産業の構造］⇒［市区町村単位で表示する］⇒「神奈川県」「鎌倉市 or 横浜市」⇒［企業数（企業単位）］⇒［表示年］を「2016年」⇒［中分類で見る］⇒［横棒グラフで割合を見る］でグラフを表示します。全体の産業の企業数から下にスクロールしていくと各業種の割合が細かく表示され、その中に「宿泊業、飲食サービス業」のグラフがあります（図5.1.10）。

宿泊業者は鎌倉市が18社に対して、横浜市は196社と約11倍となります。横浜市は鎌倉市に比べ、人口も多く、面積も広いために単純な比較はできませんが、観光地として宿泊者数が少ないことは何らかの対処が必要と考えられるかもしれません。

図5.1.10：宿泊業、飲食サービス業（割合）：（上）鎌倉市、（下）横浜市

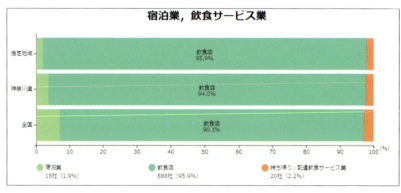

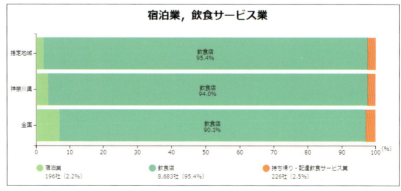

ダッシュボード機能

　該当するデータを表示した状態で、右下の［追加する］をクリックするとダッシュボードに登録されます。ダッシュボード画面（図5.1.11）は、どの状態からでも移動できます。30件まで登録でき、頻繁に表示したい項目や地域のデータを、あらためて検索することなく呼び出せるので便利です。

図5.1.11：ダッシュボード画面

豊富なデータとさまざまなビジュライゼーション

　RESASには地域経済に関わる豊富なデータが用意されています（図5.1.12〜図5.1.16）。データをどのように視覚化するか。データビジュライゼーションの見せ方のサンプルとして、眺めているだけでも参考になるでしょう。

図5.1.12:2016年 企業数(企業団地)大分類 全国

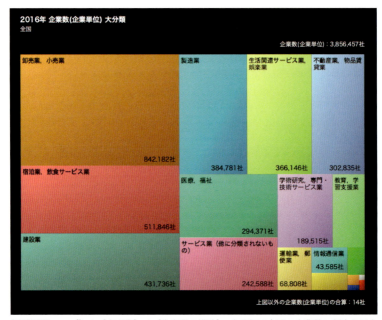

[産業構造マップ] ➡ [全産業] ➡ [全産業の構造]。大分類で全国の企業数と割合を長方形分割で表示

図5.1.13:人口メッシュ

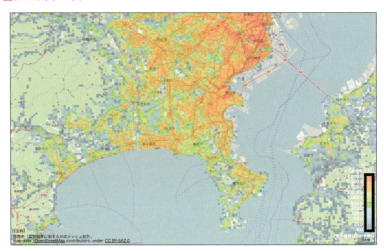

[人口マップ] ➡ [人口メッシュ]。地図上にメッシュを読み込むことができ、メッシュの濃度を薄い(透過率50%)と、濃い(透過率80%)を選択できる

5-1　RESAS——身近な地域の問題をいろいろ調べるだけでも楽しい

図5.1.15：主要財政指標比較レーダーチャート

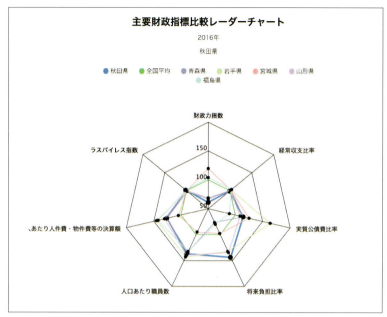

［地方財政マップ］➡［自治体財政状況の比較］。2016年秋田県の「財政力指数を表示する」でレーダーチャートを表示し、他の自治体を追加して東北6県を比較表示

図5.1.14：2016年大阪市からの転出超過の状況を表示する花火図

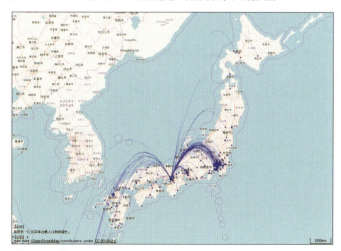

［人口マップ］➡［人口の社会増減］

179

図5.1.16:2015年東京都新宿区の土地住宅地の取引価格と取引面積の散布図

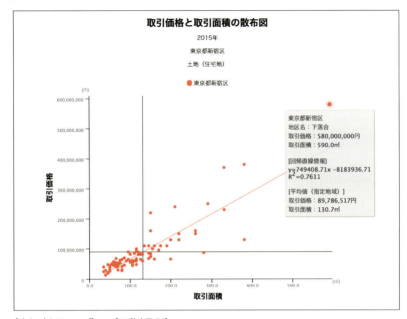

［まちづくりマップ］ ➡ ［不動産取引］

図5.1.17:HELP画面

RESASを理解する資料

RESASを活用するための資料はRESASのサイトに中に用意されており、無料で使うことができます。右上の［ヘルプ］から資料をダウンロードすることができます(図5.1.17)。

また、トップ画面を下にスクロールさせるとRESASに関する情報や資料を探すことができます。図5.1.18は、中学校のイノベーション部がRESASを使い、自分たちの住んでいる街のデータを調べ、RESAS活用法を理解していくお話です。

また、関連するサービスとして「RESASオンライン講座」「RESAS API」「RESAS COMMUNITY」が用意されています。オンライン講座では使い方だけでなく、地域の現状把握と分析の仕方や、施策案導出の手順を学ぶことができます。現状把握のためのワークシートなどをダウンロードできます。

図5.1.18：RESASまんがブックレット
「そうだったのか！
RESASでわかる私たちの地域」

RESASを活用しよう

RESASは「産業マップ」「人口マップ」「観光マップ」「自治体比較マップ」の4つのメニューで、2015年の4月にスタートしました。さまざまな進化を経て、現在では地方創生の武器として、まちづくりのツールとして、認知も広がり活用されています。

ネット時代とはいえ、地域経済に関連するデータを個別に収集するのは大変な労力です。官民のデータがまとまっていて、さまざまな角度から地域経済を把握し、グラフとして表示して、無料で利用することができます。

施策を立てる目的がなくとも、いろいろと調べるだけで、イメージでしか捉えていなかった地域の姿が浮かび上がってきます。これからの日本にとって重大な課題となる人口減少の問題も、予測の推移をグラフでみることによって危機感が伝わってきます。

chapter 5　Webツール

5-2

IHME
──国・地域別の健康データを
さまざまな角度から比較&分析

世界各地のデータをビジュアライゼーションできるWebツールもたくさんあります。本節では、健康データをさまざまな角度から比較したり分析できるIHMEを紹介します。

©Shutterstock/Foxy burrow

5-2 IHME──国・地域別の健康データをさまざまな角度から比較&分析

Input **Tool** IHME（世界各国の健康データ）

IHME（Institute for Health Metrics and Evaluation）は、世界各国の現状を健康の面から分析できるWebツールを提供している。
データビジュアライゼーションツールは、下記のURLで選択できる。作成したグラフは「URL」「メールで送る」「Facebook」「Twitter」の４つの方法で共有でき、データもCSV形式などでダウンロードできる。

http://www.healthdata.org/results/data-visualizations

Output 各種ビジュアライゼーション（一部）

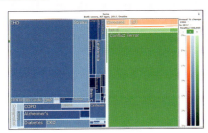

［1］シリア（2017年）
死亡原因（全年齢、男女）

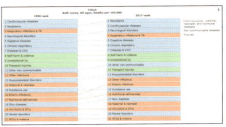

［2］1990年と2017年の東京における死因トップ21
（全年齢、男女）

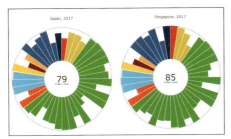

［3］日本とシンガポールの健康指標の比較

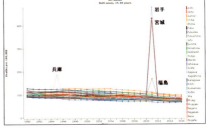

［4］日本の都道府県別死亡率
（1990年～2016年）

GBD Compare：
Institute for Health Metrics and Evaluation （IHME）. GBD Compare. Seattle, WA：IHME, University of Washington, 2017. Available from http://vizhub.healthdata.org/gbd-compare. （Accessed [December 1, 2018]）

chapter 5　Webツール

IHMEとは?

　IHMEの前身は世界保健機関（WHO）で死因の分析にあたっていた2人の研究者が考案した「Global Burden of Disease（GBD）プロジェクト」です。GBDはそれぞれの国でどんな病気によって亡くなる・影響を受ける人が多いのかを客観的に測って数値化しようとするものです。

　IHMEは2007年、ビル＆メリンダ・ゲーツ財団からの資金援助を受けて米ワシントン大学医学部に付属する形で設立されました。世界から集まった研究者が各国の健康課題についてデータを収集／分析し、政策立案を助けるような客観的エビデンスを造り出しています。所長のクリストファー・マレー博士をはじめ、IHME研究者による科学論文は数多く引用され、保健データの分析を行う研究所としては世界でもっとも権威あるものの1つです。

　健康課題を明らかにし、より効果的な対策を立てるためにはデータの分析と活用が欠かせません。さらに、データ分析の専門家でない政策担当者や市民にも伝わりやすい伝達手段として最大限に活用できるでしょう。

各国の死因を分析する（GBD Compare）

　まず、IHMEの看板である「GBD Compare」を例として、簡単な使い方を紹介します。

　GBD Compareは世界各国（または所得水準や地域でまとめたグループ）で、どのような病気が死因（または死に至らなくても生活に支障が出ることを考慮する統計YLD、DALY）となっているのか

図5.2.1：GBD Compare（@https://vizhub.healthdata.org/gbd-compare/）

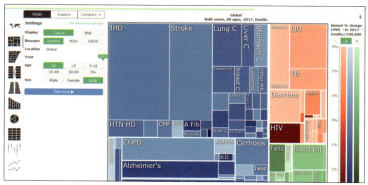

GBD Compare：
Institute for Health Metrics and Evaluation（IHME）. GBD Compare. Seattle, WA：IHME, University of Washington, 2017. Available from http://vizhub.healthdata.org/gbd-compare.（Accessed [December 1, 2018]）

を分析するものです。衛生や医療が整っていない発展途上国では予防可能な感染症で亡くなる人が多く、先進国では長寿に伴って非感染症の比重が増えることなどを視覚的に理解できます。

図5.2.1はツリーマップ形式で、世界全体で男女を合わせた死因を視覚化したものです（2017年）。青・水色は非感染症、赤・ピンクは感染症、緑は事故などを示します。それぞれのブロックは疾患で、濃い色は増加傾向を表しています。

個別の国の死因を表示する（GBD Compare）

それでは、個別の国の死因を調べてみましょう。ここでは、シリア・アラブ共和国（通称：Syria（シリア））を例にします。

左側の設定パネルを図5.2.2のように設定します。全年齢、男女合わせたシリア人の死因は図5.2.3のツリーマップになります。長期間にわたって内戦が続いているシリアでは全死亡件数の半数近くが「紛争とテロ」（Conflict and Terror）によるものであることがわかります。

図5.2.2：設定内容（グラフ：Treemap（causes））

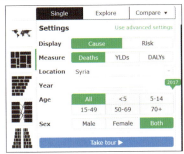

※Measureの「YLDs」と「DALYs」はそれぞれ「Years Lived with Disability」と「Disability-Adjusted Life Years」を表します。

図5.2.3：シリア（2017年）死亡原因（全年齢、男女）

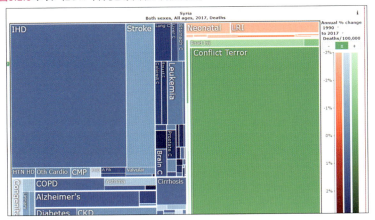

GBD Compare：
Institute for Health Metrics and Evaluation（IHME）. GBD Compare. Seattle, WA：IHME, University of Washington, 2017. Available from http://vizhub.healthdata.org/gbd-compare.（Accessed ［December 1, 2018］）

1990年と2017年の東京における死因トップ21

IHMEのデータは世界のほとんどの国をカバーしているのに加え、日本、米国、メキシコなどいくつかの国では州・都道府県レベルのデータもあります。

ここでは、「Arrow diagram」で東京都民の死因を1990年と2017年で比べてみます（図5.2.4、図5.2.5）。東京都民の死因トップは1990年には心臓病でしたが、2017年にはNeoplasm（新生物、がん）に代わり、心臓病は第2位となったことがわかります。各疾患の色はツリーマップと同様、青は非感染症、ピンクは感染症、緑は事故や自殺などとなっています。

図5.2.4：設定内容（グラフ：Arrow diagram）

図5.2.5：1990年と2017年の東京における死因トップ21（全年齢、男女）

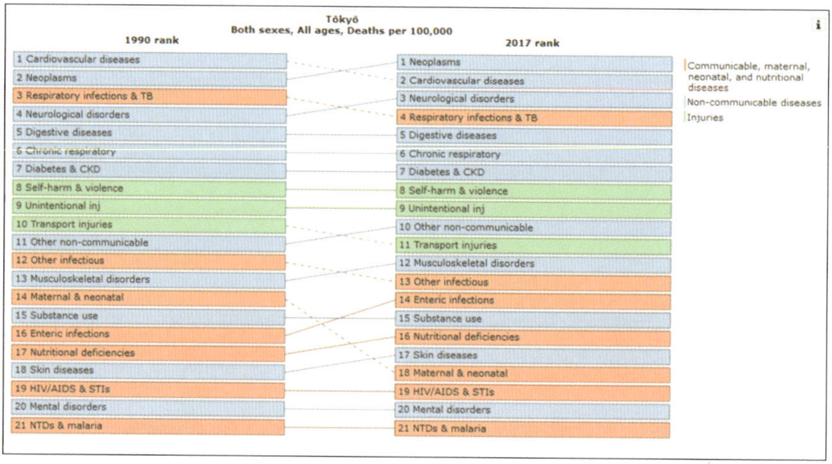

GBD Compare：
Institute for Health Metrics and Evaluation (IHME). GBD Compare. Seattle, WA：IHME, University of Washington, 2017. Available from http://vizhub.healthdata.org/gbd-compare.（Accessed ［December 1, 2018］）

日本とシンガポールの健康指標の比較（サンバースト図）

ここからはGBD Compareの他にも数多くある可視化メニューの中から2つを紹介します。

IHMEのサンバースト図は国連の持続可能な開発目標（SDG）のうち、健康に関するものについて、各国のこれまでの成績を示すものです。

①https://vizhub.healthdata.org/sdg/ で日本とシンガポールをそれぞれ作成して並べます（図5.2.6）。それぞれの柱は具体的な健康指標の成績を示しており、柱が低いほど好ましくない結果なので、それぞれの国の健康課題がひと目でわかる仕組みになっています。日本はシンガポールに比べ、特に自殺による死亡の柱が低い（自殺者が多い、もっとも短い緑色の柱）のと、災害による死亡の柱が低い（災害死が多い、中央上の赤い柱）のが目立ちます。総合成績ではシンガポール（85点）が日本（79点）よりもわずかに上回っています。

図5.2.6：日本（左）とシンガポール（右）の健康指標の比較

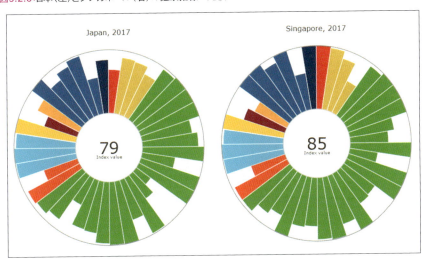

Health-related SDGs：
Institute for Health Metrics and Evaluation (IHME). Health-related SDGs. Seattle, WA：IHME, University of Washington, 2017. Available from http://vizhub.healthdata.org/sdg. (Accessed [December 1, 2018])

ミレニアム開発目標達成図

次に、国連が2015年までに達成することを目標としていたミレニアム開発目標（MDG；Millennium Development Goals）について、健康に関連する5つの柱それぞれを、各国がどこまで達成できたのかを示します。

①https://vizhub.healthdata.org/mdg/ で例として中米のハイチを表示します。上から「乳幼児死亡率削減」「妊産婦死亡率削減」に続き「HIV」「結核」「マラリア」の3つについて新たな感染件数減という5つの目標について、達成度が可視化されています。

図5.2.7は中米のハイチ共和国の結果です。中央にある赤線が基準値（MDG目標値またはそれまでのベースライン）で、線より右にある国はその目標を達成できたかあるいは望ましい変化があり、線より左にある場合は目標を達成できなかった、または望ましくない変化があったことを示します。ハイチでは、乳幼児死亡率と妊産婦死亡率の削減では目標を達成できておらず、HIVの感染件数はほぼ変化なし、結核とマラリアの感染は減らせたことが読み取れます。

図5.2.7：ミレニアム開発目標達成図（ハイチ共和国）

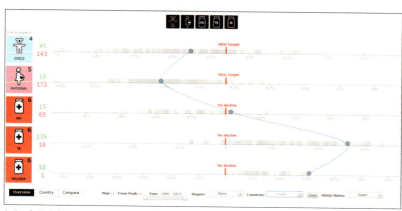

Institute for Health Metrics and Evaluation (IHME). MDG Viz. Seattle, WA：IHME, University of Washington, 2014. Available from http://vizhub.healthdata.org/mdg. (Accessed [December 1, 2018])

📝 データ可視化を使って「データが好きな人」を増やしたい　（五十嵐康伸）

データ活用の教育が、日本全体で盛り上がっています。しかし、現在の教育制度の卒業生のうち「データが好きな人」の割合は少数であると思われます。「データが好きでない人」でも「データ活用の知見」を得ることはできますが、「データが好きな人」のほうが主体的かつ積極的に「データ活用の知見」を得ることができる、と前提を置くのは自然でしょう。

「データが好きな人」に学んでもらうことを目的とした教育ツールは総務省・統計数理研究所等の公的機関のみならず、民間企業も数多く開発しています。しかし、「データが好きな人」を増やすために「データって楽しい！」と感じる初めての体験を子供たちに届けることを目的とした教育ツールを開発している組織の数はまだ少ない、と思います。

そこで、我々は身近なデータから簡単に、子供たちが楽しいと感じられるグラフを作れる「E2D3」という教育ツールを開発しています。我々と同様に、データ可視化を使って「データが好きな人」を増やしたい方へ、今後のヒントになる3つの教育用語を紹介します。

- グラフィカシー（Graphicacy）
  空間的現象を概念化し、地図・チャート・プラン・写真・画像・図解・グラフなどで表し理解する技能。文字の読み・書き技能であるリテラシー（Literacy）、数値の認識・操作技能であるヌメラシー（Numeracy）、発話・聞き取り技能であるオーラシー（Oracy）と共に教育の基礎とする考え方がある（「志村喬、英国地理教育におけるグラフィカシー概念の書誌学的検討」より）。

- STEAM教育
  Science（科学）、Technology（技術）、Engineering（工学）、Mathematics（数学）にArt（芸術）を加えた教育手法

- 情報デザイン
  情報を発見しやすく・使いやすく・理解しやすくすることで、情報を効果的にする技術（Information Design Associationより）

著者・監修者紹介（掲載順）

小林寿（こばやし ひさし）　担当 1-0、1-2、2-1

1985年生。CCCマーケティング（株）、データアナリスト。リサーチャー・コンサルタントとして10年間勤務したのちに現職。統計解析や機械学習、データビジュアライゼーションを専門とし、2018年にMicrosoft MVP for DataPlatform(2018-2019)を受賞。

Blog https://kopaprin.hatenadiary.jp/　**twitter** https://twitter.com/h_kobayashi1125

東健二郎（ひがし けんじろう）　担当 1-1

1978年生。京都府庁勤務のほか、2017年より京都大学公共政策大学院非常勤講師も務める。京都におけるオープンデータやデータ利活用の推進を担当。

Tableau Public https://public.tableau.com/profile/kyoto.datastore#!/

河原弘宜（かわはら ひろき）　担当 1-3

1984年生。ライフサイエンス、プラントエンジニアリングの分野でデータ解析を担当、現在はコンサルティング会社にて各業界におけるクライアント企業の統計解析・機械学習を活用した業務改善に従事。

朝日孝輔（あさひ こうすけ）　担当 2-0、2-3

データの有効活用を通して、身近な問題の解決に貢献したいと株式会社MIERUNEを起業。特に地理空間情報を活用した解析・可視化を得意とする。北海道での地理空間情報利用を促進すべくFOSS4G Hokkaidoや勉強会を開催。OSGeo財団日本支部 監事。

Blog http://waigani.hatenablog.jp/　**twitter** https://twitter.com/waigania13

布川悠介（ぬのかわ ゆうすけ）　担当 2-2

1984年生。株式会社スマートドライブ、プロダクトマネージャーとフロントエンドエンジニアを兼任。ESRIジャパン株式会社にてGIS（地理情報システム）の開発者向けAPIの国内プロダクトマネージャーを経て現職。Mableという有志団体を立ち上げ、地図を使った実験的なものづくりやワークショップを実践中。

Twitter https://twitter.com/_ynunokawa　**Note** https://note.mu/ynunokawa

---

荻原和樹（おぎわら かずき）　担当 3-0、3-2

1987年生。2010年筑波大学（社会心理学専攻）卒業。同年より株式会社東洋経済新報社勤務。2017年英国エディンバラ大学大学院（デザイン＆デジタルメディア専攻）修士。週刊東洋経済編集部、東洋経済オンライン編集部にてデータ分析やデータビジュアルを担当。

Twitter https://twitter.com/kaz_ogiwara

中根秀樹（なかね ひでき） 担当 3-1

1978年生。編集者。アプリケーションの製品管理、利用者動態データ分析、ウェブコンテンツ開発などに従事。E2D3.org Web Site Teamリーダー。

大野圭一朗（おおの けいいちろう） 担当 4-0、4-1

1973年生。カリフォルニア大学サンディエゴ校医学部勤務のソフトウェア・エンジニア。カリフォルニア大学アーバイン校情報・計算機科学科卒業ののち南カリフォルニア大学で計算分子生物学修士。主に生物学分野での情報可視化関連ソフトウェアを開発する。開発した主なソフトウェアにCytoscapeがある。

Twitter https://twitter.com/c_z

本田直樹（ほんだ なおき） 担当 4-2

1980年生。京都大学大学院 生命科学研究科 准教授。奈良先端科学技術大学院大学 情報科学研究科にて博士号（理学）を取得（2008年）。その後、九州大学にて博士研究員、京都大学にて博士研究員、特任助教、特定准教授などを経て現職。理論生物学が専門。生命現象の背後に潜むメカニズムをデータから読み解く研究に従事。

小野恵子（おの けいこ） 担当 5-0、5-2

国際基督教大学（ICU）社会科学研究所研究員。米ジョージタウン大学において政治学博士号取得。政治学、政策研究、計量データ分析、学術研究の方法論について大学・大学院で講義と研究をしている。政策研究大学院大学、テンプル大学日本校兼任講師。

Twitter https://twitter.com/AliceTokyoLand

松岡和彦（まつおか かずひこ） 担当 5-1

1963年生。株式会社ブレーン・アーツにおいてグラフィックデザイナーとして4年間勤務の後、フリーランスのデザインディレクターとして8年間活動。その後、阿佐ヶ谷美術専門学校専任教員として勤務。デザイン教育に携わり、都立高校「コンピュータグラフィック」授業を10年担当。東京工芸大学非常勤講師として「デザイン基礎」担当。鎌倉市まちづくりプランコンテスト実行委員会フェロー。

五十嵐康伸（いがらし やすのぶ） 担当 監修

1977年生。E2D3.org 代表、パーソルキャリア株式会社 エキスパート、香川県立観音寺第一高等学校（スーパーサイエンスハイスクール）外部アドバイザー。筑波大学 物理学専攻にて学士、奈良先端科学技術大学院大学 情報科学研究科にて博士（理学）を取得。東北大学の研究員・助手、奈良先端科学技術大学院大学の特任助教、オリンパスソフトウェアテクノロジー株式会社の部長付兼チーフエンジニアなどを経て現職。データの計測・解析・可視化・教育・倫理に関する研究に従事。

Web Site https://sites.google.com/site/yasunobuigarashi/ twitter https://twitter.com/B_T_Budo

- 装丁／本文デザイン／レイアウト
  大山真葵（ごぼうデザイン事務所）
- 編集
  取口敏憲

■お問い合わせについて
　本書に関するご質問は、本書に記載されている内容に関するもののみとさせていただきます。本書の内容と関係のないご質問につきましては、いっさいお答えできませんので、あらかじめご了承ください。また、電話でのご質問は受け付けておりませんので、本書サポートページ経由でFAX・書面にてお送りください。

■問い合わせ先
- 本書サポートページ
  https://gihyo.jp/book/2019/978-4-297-10582-2
  本書記載の情報の修正・訂正・補足などは当該Webページで行います。
- FAX・書面でのお送り先
  〒162-0846
  東京都新宿区市谷左内町21-13
  株式会社技術評論社　雑誌編集部
  「プロ直伝 伝わるデータ・ビジュアル術」係
  FAX：03-3513-6173

　なお、ご質問の際には、書名と該当ページ、返信先を明記してくださいますよう、お願いいたします。
　お送りいただいたご質問には、できる限り迅速にお答えできるよう努力いたしておりますが、場合によってはお答えするまでに時間がかかることがあります。また、回答の期日をご指定なさっても、ご希望にお応えできるとは限りません。あらかじめご了承くださいますよう、お願いいたします。

プロ直伝 伝わるデータ・ビジュアル術
──Excelだけでは作れないデータ可視化レシピ

2019年5月11日　初版　第1刷発行

著　者	小林 寿、東健二郎、河原弘宜、朝日孝輔、布川悠介、荻原和樹、中根秀樹、大野圭一朗、本田直樹、小野恵子、松岡和彦
監修者	五十嵐康伸
発行者	片岡 巌
発行所	株式会社技術評論社 東京都新宿区市谷左内町21-13 TEL：03-3513-6150（販売促進部） TEL：03-3513-6177（雑誌編集部）
印刷／製本	日経印刷株式会社

定価はカバーに表示してあります。

本書の一部あるいは全部を著作権法の定める範囲を超え、無断で複写、複製、転載あるいはファイルを落とすことを禁じます。

©2019　小林寿、東健二郎、河原弘宜、朝日孝輔、布川悠介、荻原和樹、中根秀樹、大野圭一朗、本田直樹、小野恵子、松岡和彦、五十嵐康伸

造本には細心の注意を払っておりますが、万一、乱丁（ページの乱れ）や落丁（ページの抜け）がございましたら、小社販売促進部までお送りください。送料小社負担にてお取り替えいたします。

ISBN978-4-297-10582-2　C3055
Printed in Japan